BATALHAS ESPACIAIS

UM MANUAL PARA A IMAGINAÇÃO DAS GUERRAS ESTELARES

ANTONIO LUIZ M. C. COSTA

1ª EDIÇÃO

EDITORA DRACO

SÃO PAULO

2020

ANTONIO LUIZ M. C. COSTA

Formou-se em engenharia de produção e filosofia, fez pós-graduação em economia e foi analista de investimentos e assessor econômico-financeiro antes de reencontrar sua vocação na escrita, no jornalismo e na ficção especulativa. Além de já ter escrito sobre a realidade na revista CartaCapital, é autor do romance *Crônicas de Atlântida: o tabuleiro dos deuses, Crônicas de Atlântida: O olho de Agarta* e de dezenas de contos e novelas.

Publisher: Erick Santos Cardoso
Edição: Antonio Luiz M. C. Costa
Ilustração de capa e logo: Hugo Vera

Dados Internacionais de Catalogação na Publicação (CIP)
Ana Lúcia Merege 4667/CRB7

C 837

Costa, Antonio Luiz M. C.

Batalhas espaciais: Um manual para a imaginação das guerras estelares / Antonio M. C. Costa. – São Paulo : Draco, 2020.

ISBN 978-85-8243-085-9

1. Astronáutica 2. Astrofísica I. Título

CDD-929

Índices para catálogo sistemático:
1. Astrofísica 523.01

1ª edição, 2020

Editora Draco
R. César Beccaria, 27 - casa 1
Jd. da Glória – São Paulo – SP
CEP 01547-060
editoradraco@gmail.com
www.editoradraco.com
www.facebook.com/editoradraco
Twitter e Instagram: @editoradraco

Sumário

Introdução

Numa agonizante comunidade de Orkut, comentou-se em maio e junho de 2013 um post de 2004 de Marcus Valerio XR[1] em seu blogue "Ficção Científica", sobre batalhas espaciais e "a realidade física contra o romantismo visual da ficção científica". O texto argumenta bem ao criticar as batalhas espaciais de Star Wars como uma transposição indevidamente ao pé da letra das batalhas aeronavais da II Guerra Mundial: "naves maiores fazem uso de canhões 'antiaéreos', cujos tubos de disparo recuam como se sofressem a reação de uma explosão de pólvora, e os raios (...) são perceptivelmente lentos demais para um feixe de luz".

Ao criticar Star Trek, aponta que se baseia em modelos ainda mais antigos: "o nome torpedo [fotônico] já nos indica que tipo de batalhas realmente ocorridas em nossa história isso sugere. Em batalhas navais travadas entre os grandes navios, especialmente da Primeira Guerra Mundial (...), as naves se aproximam até onde seria possível os tripulantes se verem a olho nu, o que já não ocorria nem mesmo no fim do século XIX, quando o alcance e a precisão dos canhões já permitiam a destruição do oponente antes que houvesse aproximação suficiente para uma visualização clara a olho nu".

Pequenas imprecisões à parte, é fácil entender por que o cinema recorre a esse tipo de solução. Num filme, é particularmente difícil explicar conceitos pouco familiares, ainda mais quando se referem a detalhes não essenciais à trama. Daí o uso tão frequente de clichês audiovisuais. Quando Ben Kenobi e Luke entram na cantina de Mos Eisley, a música e o cenário nos avisam, sem ser preciso explicar, que se trata de uma espécie de *saloon* de má reputação, por mais estranhos que sejam os clientes e os músicos.

Em vez de oferecer imagens inusitadas e não intuitivas para propor

1 Acessado em 2004 em: http://www.xr.pro.br/FC/BatalhaEspacial.html

como seria uma batalha espacial "realista", é muito mais viável dizer ao espectador: "vamos fazer de conta que é como a batalha de Pearl Harbor que você viu no cinema, ou como uma batalha de galeões, ou como submarinos e toquemos para a frente". Daí as armas da *Millennium Falcon* serem instaladas como uma torreta de bombardeiro dos anos 1940, ou se ouvir continuamente na "ponte" (*bridge*, termo naval inglês mal traduzido – o português correto seria "passadiço") da *Enterprise* da série original um bipe característico de sonares de submarinos (filmes sobre eles eram comuns nos anos 1960), que não poderiam ter nenhuma função lógica numa nave estelar.

Quando se escreve um livro de ficção científica, há, porém, mais espaço para discutir ideias novas. Essa, afinal, sempre foi a razão de ser do gênero. Mesmo sem a pretensão de fazer profecias inúteis, por que não tentar surpreender com uma visão menos batida do que poderia ser uma batalha espacial? Experimentamos discutir o texto de XR e tentar ir um pouco além e o resultado está aqui. Esperamos que seja interessante não só para quem pretende escrever aventuras espaciais (ou seja, *space opera*) quanto para quem tem curiosidade pelas ideias especulativas por trás da ficção científica de ponta.

Pilotos humanos ou robôs? Ou há uma terceira alternativa?

XR começou por propor uma batalha espacial entre naves automáticas, eliminando tripulantes humanos tanto por razões éticas quanto práticas: humanos não podem sobreviver a manobras muito bruscas, têm reações lentas em comparação a computadores e exigem sistemas de suporte de vida que oneram e reduzem a eficiência das naves. Depois propôs artifícios para justificar a presença dos mesmos humanos por razões "artísticas".

O argumento ético merece duas objeções. **Primeiro**: se há uma batalha é porque dois lados decidiram ir à guerra e pôr vidas em risco. O exemplo proposto é uma guerra entre Marte e Terra em que cada lado envia naves ao planeta adversário. Se isso não for um jogo de computador, o objetivo declarado é matar. Mais que isso, matar civis, o que é menos ético do que arriscar tripulantes militares. **Segundo**: a vitória na guerra, quando se confrontam forças comparáveis, depende de criatividade, flexibilidade e inteligência não só no planejamento estratégico como nos confrontos táticos. Se uma inteligência artificial tiver tudo isso em grau equivalente ou superior a um guerreiro humano, não deveria merecer a mesma consideração ética? No contexto da ficção científica, convém questionar se a inteligência humana é a única a merecer respeito e se "ético" é realmente sinônimo de "humanitário": não estamos sós.

Os argumentos práticos são mais sólidos, mas dependem da tecnologia considerada. Todos eles são inteiramente válidos quando se pensa dentro dos limites da física conhecida e de confrontos dentro do Sistema Solar. Mas cenários de batalha espacial comparáveis com *Star Wars* ou *Star Trek* referem-se a um universo no qual as viagens mais rápidas que a luz são rotineiras e os limites da física atual foram amplamente extrapolados. Campos de gravidade artificial poderiam contrabalançar a aceleração de modo que humanos (e equipamentos delicados) a bordo nada sofram, ou que as naves se deslocam bruscamente por um mecanismo que não envolve aceleração real (hipersaltos, mergulhos no hiperespaço, dobra espacial). XR sugere uma solução ainda mais arrevesada, "artifícios de neutralização da inércia, que permitissem que os corpos ao serem acelerados, recebam a aceleração simultaneamente em todas as suas partículas, baseados em manipulação das ligações moleculares".

A questão da rapidez das reações humanas também pode ser uma questão de tecnologia. Mesmo hoje, os limites da coordenação motora já estão se tornando irrelevantes. Cientistas são capazes de fazer uma pessoa comandar os movimentos de uma máquina voadora literalmente sem mover um dedo, como se demonstrou na Universidade de Minnesota[2]. Basta *imaginar* os movimentos: uma touca eletroencefalográfica capta os impulsos de seus neurônios e um computador os traduz em comandos e os transmite ao drone. Não é preciso especular e não é mais ficção, é realidade científica.

Permanece o fato de que mesmo sem precisar de movimentos físicos, o pensamento humano é muito mais lento do que uma inteligência artificial pode ser. Os impulsos eletroquímicos se movem no sistema nervoso a cem metros por segundo, no máximo, enquanto os impulsos elétricos dentro de um computador se deslocam a cerca de dois terços da velocidade da luz, dois milhões de vezes mais rapidamente. Pode-se imaginar super-humanos com cérebros biônicos, sugeriu o autor. Mas se os igualamos totalmente a computadores, que lhes restará de humano? E postular poderes extrassensoriais, como também propôs, é arbitrário.

Haverá uma razão menos forçada pela qual um ser humano – ou melhor, um cérebro parcialmente natural – possa combater melhor do que uma inteligência puramente artificial? Postulemos que uma mente de origem natural e "civil" possa ter, pela diversidade e casualidade da experiência de vida, mais capacidade de conceber estratégias inesperadas ou tirar conclusões do comportamento do inimigo do que uma inteligência artificial militar fabricada em série

---

2 Disponível em: http://www.youtube.com/watch?v=rpHy-fUyXYk

que, mesmo que aprenda com a experiência, parte de um repertório mais previsível. Nessa hipótese, a simbiose entre inteligência natural e artificial poderia ser mais eficaz do que qualquer das duas em separado. A mente natural conceberia padrões originais e o elemento artificial os executaria da forma mais ágil e eficiente possível. Se isso puder funcionar, é imaginável (ao menos para fins ficcionais) que incluir uma tripulação (trans)humana possa trazer um benefício líquido à eficácia de uma nave estelar de combate, mesmo considerando o peso e o custo do suporte de vida. Este não precisa ter volume e massa muito grandes em termos relativos – a automatização pode permitir que umas poucas inteligências naturais bastem para as necessidades de uma nave gigantesca, além de poupar ao autor o trabalho de dar a milhares de camisas-vermelhas algo para fazer além de passear pelos corredores.

Dada a importância da integração íntima e instantânea entre elementos naturais e artificiais, essa hipótese não é compatível com a de XR: "deve-se levar em conta o fator desperdício desnecessário de vidas humanas. As naves poderiam, ainda que manipuladas por humanos, serem controladas remotamente, por telepresença. Se o escritor exigir a presença direta do piloto, deve argumentar por que tal sistema não é utilizado, talvez sistemas de interferência que impossibilitassem comunicação entre a nave remota e o operador, por exemplo".

No nosso cenário, a presença do "piloto" seria indispensável. Não pelo risco de interferência, mas provavelmente por razões mais diretas: deixar o operador a uma distância "segura" anularia as vantagens da integração, ao menos quando se supõe sinais transmitidos à velocidade da luz. Quando um operador controla um drone no Afeganistão de Nevada, nos EUA, o atraso (*delay*) entre o movimento do *joystick* e o do veículo é de dois segundos (tempo de transmissão do comando e retorno, via satélite). Não atrapalha muito porque o drone não está envolvido em batalhas complexas e ágeis: basta localizar um alvo no solo e bombardear. Mas imagine uma inteligência na Terra, natural ou artificial, tentando controlar uma batalha espacial na órbita de Marte: o atraso na reação seria de 10 a 40 minutos!

Num cenário interestelar, frequentemente se postulam meios de comunicação mais rápidos que a luz, mas depende do arbítrio do autor decidir se tais meios são suficientes para transmitir informação a anos-luz de distância em quantidade e confiabilidade adequadas à integração completa entre operador e nave: talvez a transmissão por ansível seja possível, mas o fluxo seja limitado a uma quantidade insuficiente de bits por segundo. Outro fator a considerar é a confiança e, por assim dizer, "companheirismo" entre o elemento natural e o artificial: se este tem inteligência e consciência reais, confiará mais em um parceiro orgânico disposto a compartilhar os riscos.

Como seria a rotina de um tripulante humano ou transumano? Supondo uma hierarquia militar de tipo tradicional, é provável que como nas forças aéreas (e diferentemente das marinhas) todos a bordo sejam oficiais tecnicamente especializados. As tarefas mais simples e rotineiras de manutenção e limpeza seriam desempenhadas por sistemas automáticos. As tripulações seriam, portanto, relativamente pequenas.

A rotina de um oficial naval de uma marinha moderna, quando embarcado, se divide em "quartos", períodos (mais frequentemente de quatro horas, às vezes cinco ou seis) em que as três ou mais turmas na qual se divide a tripulação (raramente duas) se alternam na escala se serviço e velam pela rotina, disciplina e segurança do navio, sem poder se distrair – exceto o capitão e o imediato, que fazem sua própria rotina, mas são chamados no caso de qualquer imprevisto. No restante do tempo, fazem as refeições, descansam, dormem, se distraem ou se dedicam a obrigações menos exigentes (no caso dos oficiais, principalmente relatórios e outras atividades burocráticas). Naturalmente, todos são chamados a seus postos nas emergências ou quando há expectativa de combate.

É provável que uma nave espacial tenha um sistema semelhante de distribuição de turnos. Mesmo que sistemas automáticos sejam suficientes para assegurar a vigia e as funções normais, é preciso acostumar a tripulação à prontidão e à cooperação entre si e com as inteligências artificiais da nave para que reaja adequadamente quando surgir a necessidade. No mínimo, passarão seus turnos se exercitando em simulações de combate, resgate ou outras atividades nas quais possam ser necessários.

Combate em velocidades inferiores à da luz

O modelo de combate de XR se baseou na localização da nave inimiga a longa distância por "sensores de rastreamento" (que suas ilustrações sugerem ser uma espécie de radar ativo), combatidos por "contramedidas eletrônicas". Uma vez localizado o inimigo, segue-se o disparo de lasers (ou outro feixe de energia) decidido e preparado por sistemas automáticos que procurariam "acertar logo no primeiro tiro, ou perderia a vantagem da surpresa". Caso o alvo sobrevivesse, procuraria revidar e assim por diante.

Da maneira como está posto e graficamente representada, essa concepção tem um problema: se as batalhas das *space operas* clássicas são demasiado decalcadas nas batalhas navais da primeira metade do século XX ou anteriores, esta parece presa às concepções de guerra do fim do século XX ou início do XXI, com combate entre aviões e navios sem contato visual, além do horizonte e de camadas de nuvens, orientados por um radar ativo (eventualmente confundido por contramedidas eletrônicas). No espaço, as condições são diferentes e um radar pode mais atrapalhar que ajudar. Na Terra, o radar esquadrinha uma área ainda basicamente bidimensional (mesmo aviões voam a uma altitude limitada e não há subsolo). No espaço, seria preciso realmente devassar as três dimensões e mesmo que o sinal localize o inimigo, este o perceberá antes que o emissor receba o eco. Ou seja, antes de localizar o inimigo, um rastreamento ativo anuncia a presença de quem tenta usá-lo.

No espaço não há horizonte ou nevoeiro e uma nave de tamanho significativo, assim como um asteroide, pode ser detectada passiva e discretamente com um telescópio a grandes distâncias. Mesmo com camuflagens indetectáveis no espectro visível (como as das naves romulanas e Klingon de *Star Trek*) não há como fazer desaparecer todas as emissões, notadamente as de infravermelho: qualquer nave que usa energia e tem equipamentos em funcionamento (para não falar de tripulação) terá de ser muito mais quente do que o quase zero absoluto do espaço vazio. É possível também imaginar o uso de "radar passivo" baseado na reflexão pela nave inimiga de emissões naturais, como a radiação cósmica de fundo ou outros sinais eletromagnéticos emitidos pelos astros.

"Em distâncias de milhões de quilômetros", considerou XR, "se forem possíveis raios de energia com tal alcance, a batalha terminaria por ser tornar dependente de uma boa dose de sorte, pois do momento que a (nave) atacante disparar até o momento em que o raio chegar ao alvo, esta já poderá ter se movido, e poderia ser difícil prever os movimentos do adversário de modo a se antecipar a ele. Por este motivo, é provável que as naves passassem a se aproximar até cerca de uns 100 mil quilômetros, onde a velocidade da luz já garantiria disparos bem mais difíceis de serem evitados".

No espaço vazio, lasers e outros feixes de energia colimados podem ter alcance praticamente ilimitado. Cogita-se até mesmo impulsionar velas solares a anos-luz de distância, com lasers instalados no Sistema Solar. O limite decisivo do alcance eficaz é o tempo de manobra do alvo: a distância adequada, em primeira aproximação, é proporcional à raiz quadrada da dimensão do alvo e inversamente proporcional à raiz quadrada da capacidade de aceleração.

Cem mil quilômetros é uma boa distância? Depende. Uma nave de 100 metros com aceleração de uma gravidade precisaria de mais de 3 segundos para manobrar o equivalente à metade do próprio comprimento. Se mudar de direção no mesmo instante em que o inimigo dispara, poderia evadir um disparo a um milhão de quilômetros, mas não a uma distância menor. Já um veículo de 10 metros, capaz de acelerar 100 gravidades (ou seja, um míssil), poderia se desviar em um décimo de segundo e seria preciso se aproximar dele a menos de 30 mil quilômetros para haver uma chance de atingi-lo.

De qualquer forma, as distâncias às quais tais naves poderiam ser detectadas é muito maior. Um asteroide é um corpo bem escuro (albedo de 0,10, comparável ao de asfalto ou carvão). Mesmo assim, com telescópios atuais, pode-se detectar em segundos um asteroide de 100 metros a uma distância de 350 milhões de quilômetros, com a iluminação existente na órbita da Terra. A precisão de sensores mais sofisticados pode ser deixada à imaginação do autor: o importante é que uma nave pode ser detectada a uma distância centenas de vezes maior do que a adequada ao combate com raios de energia. Nesse caso, ataques de surpresa não são viáveis. É preciso se dirigir conscientemente ao confronto e como o alcance dos lasers é praticamente ilimitado, a vantagem é das naves menores e mais manobráveis, não maiores do que o estritamente necessário para portar propulsores e uma arma de raios minimamente eficaz. Inútil uma nave maior: de nada adianta um laser mais potente que não acerta o inimigo.

A dúvida é se valeria a pena tentar usar naves de guerra. Sempre será mais simples instalar uma arma pesada e de grande capacidade em um satélite natural ou artificial (ou no próprio planeta, se não tiver atmosfera densa) do que numa complicada e frágil nave móvel. Imagine uma nave de Marte pretendendo bombardear a Terra: a um milhão de quilômetros, ela seria alvo fácil de lasers instalados na Lua. Naves da Terra também poderiam ser alvejados por lasers instalados em Fobos ou Deimos e não adiantaria tentar retaliar, pois um satélite natural é praticamente indestrutível e um laser nele instalado fácil de proteger – ou pelo menos bem menos difícil do que a bordo de uma nave relativamente vulnerável.

XR deu por certo que mísseis não teriam nenhum papel nesses combates, pois seriam facilmente abatidos por armas de raios. Nesse ponto, também cabe duvidar. Lasers de grande capacidade não têm capacidade infinita, demandam energia, têm uma cadência de tiro limitada e precisam se fixar um mínimo de tempo sobre o alvo para ter efeitos destrutivos. Mísseis espaciais capazes de destruir uma frágil nave espacial não precisam ser muito grandes, nem muito caros. Uma salva de mísseis, lançada de outra nave ou de um planeta, pode ocupar tais armas a ponto de que ser impossível deter a todos. Já vimos que um míssil capaz de evasão seria difícil de deter a mais de 30 mil quilômetros. Caso se aproxime com uma velocidade de mil quilômetros por segundo, haveria 30 segundos para detê-lo – e mesmo que não leve nenhum explosivo, sua energia cinética lhe daria enorme poder destrutivo. Uma massa de dez toneladas a mil quilômetros por segundo equivale a uma bomba termonuclear de um megaton. O mesmo míssil a velocidades relativísticas (próximas à da luz) seria capaz de arrasar a superfície de um planeta – e seria praticamente impossível percebê-lo antes de ser atingido.

Se houver um só laser e precisar de mais do que esse tempo para recarregar (ou para destruir o míssil), bastariam dois mísseis para pôr a nave fora de combate. E ao contrário dos lasers, tais mísseis poderiam causar danos reais a satélites e mesmo planetas, se não forem detidos a tempo. Um combate espacial poderia ser uma troca de mísseis em que as naves (ou estações de satélites) tentariam desesperadamente se defender com armas de raios.

Também foi deixada de lado a possibilidade de "armas de fogo". No sentido literal, elas de fato não teriam nada a fazer num combate espacial: canhões convencionais exigem oxigênio e seus projéteis são lentos demais (820 metros por segundo para os canhões de um encouraçado da II Guerra Mundial, 930 para um fuzil moderno) para um combate espacial. Mas um projétil acelerado a enormes velocidades por um canhão eletromagnético (*railgun*) pode atingir velocidades muito maiores: 3 quilômetros por segundo em armas experimentais já em fase de teste, o que significa que mesmo sem levar explosivo algum, elas contêm energia destrutiva equivalente ao próprio peso em TNT.

Em termos de ficção científica, poderiam se imaginar projéteis acelerados a velocidades pouco inferiores à da luz, quase tão complicados de driblar quanto lasers e muito mais difíceis de deter. Mesmo sem levar explosivo algum, uma bala de um quilo a 3 mil quilômetros por segundo contém tanta energia quando uma bomba termonuclear de um quiloton; a 88,5 mil quilômetros por segundo, de um megaton e a 270 mil quilômetros por segundo (90% da velocidade da luz), de 30 megatons. Uma versão modesta, mas eficaz, do míssil relativístico.

Combate com propulsão de dobra

Todo esse raciocínio supôs um universo no qual velocidades mais rápidas que a luz não existem. Mas essa não é a "realidade" da maior parte da ficção científica espacial: a *space opera* sempre supôs alguma forma de contornar essa barreira. Nesse caso, seria imaginável atacar a distâncias de anos-luz. E se naves viajam mais rápido que a luz, por que mísseis não poderiam fazer o mesmo? Nesse caso, lasers, canhões de partículas e armas relativísticas seriam tão obsoletos quanto um sabre de pirata numa batalha naval da II Guerra Mundial.

Seria possível detectar uma nave ou míssil mais veloz do que a luz? Depende das hipóteses. O mecanismo teórico hoje visto com mais interesse como um caminho para tais velocidades é o sistema de propulsão sugerido pelo físico mexicano Miguel Alcubierre em 1994. Trata-se de produzir uma "bolha" de espaço-tempo que impulsionaria uma nave a uma velocidade superior à da luz. Desde então tem sido aperfeiçoada por outras contribuições teóricas e em 2012 um grupo de pesquisa da NASA anunciou que tentaria detectar a existência de "bolhas de dobra" em escala microscópica, para testar a viabilidade da ideia, diretamente inspirada pela série *Star Trek*. Ao menos no papel, a ideia tem progredido. Um cálculo de 1996 apontava a necessidade de energia equivalente a 10^{64} kg, muito mais do que a massa estimada do Universo. Outro cálculo, de 1999, reduziu a área da bolha e esse montante para $6x10^{30}$ kg ou três massas solares. Em 2012, mais um cálculo alterou a forma do campo para uma rosca e com isso baixou a exigência de energia equivalente para 700 kg, além de apontar que esse número diminuirá ainda mais se a intensidade do campo puder ser variada no tempo.

Um problema não resolvido é que partículas de velocidade inferior à da luz, ou mesmo igual, (inclusive fótons) não seriam capazes de atravessar a fronteira da "bolha", de modo que a nave ficaria "cega" e isolada do espaço circundante. Partículas e outros objetos mais rápidos que a luz poderiam, entretanto, atravessar esse limite. E de qualquer forma, da maneira como tem sido analisada a propulsão de dobra, exige a existência (não demonstrada) de energia negativa e a produção de partículas mais rápidas que a luz, os táquions. Suponhamos que isso possa ser usado para que a nave possa detectar o meio circundante e reagir a ele.

Se esse é o caso, pode-se imaginar também que qualquer nave ou míssil em movimento mais rápido que a luz gera táquions detectáveis. Fica ao critério do autor decidir a que distâncias, com que precisão e em quais condições isso seria possível, mas se a quantidade de energia envolvida na produção de táquions for da ordem de terawatts e estes forem muito mais rápidos que a própria nave (bilhões de vezes mais rápidos que a luz, digamos), a detecção a anos-luz de distância praticamente em "tempo real" não será inverossímil.

Velocidades interestelares

Ninguém pode afirmar hoje quão mais rápido que a luz poderia ser uma nave interestelar caso a propulsão de dobra seja possível, de modo que isso depende da intenção do autor. Qual a extensão espacial do cenário e em quanto tempo se quer que uma nave consiga atravessá-la?

Caso se deseje uma história que se passe apenas entre estrelas relativamente próximas da Terra – dentro de um raio 100 anos-luz, digamos, que abrange a maioria das estrelas mais conhecidas e bastou para boa parte da ficção científica da *Golden Age* –, bastam velocidades algumas dezenas de vezes maiores que a da luz para explorar e algumas centenas de vezes maior que a da luz para criar redes de transporte regulares e rotineiras. O padrão de *Gurps Space* (um RPG genérico de *space opera*) é um parsec por dia ou 1.190 vezes a velocidade da luz, o que permitiria ir da Terra até a borda desse espaço em 30 dias.

Dentro desse raio existem aproximadamente 8.800 sistemas estelares e 12.800 estrelas, incluindo anãs vermelhas. Segundo o modelo de Michael Gowanlock (2011)[3] pode-se estimar um número

3 Disponível em: http://arxiv.org/pdf/1107.1286v1.pdf

de 128 planetas (85 a 216 conforme variações das hipóteses, mas simplifiquemos) em condições de suportar vida complexa nativa do tipo hoje considerado possível. Todos os planetas habitáveis que orbitam estrelas tipo M e 43% dos que orbitam estrelas tipo K seriam travados pela maré, ou seja, mostrariam sempre a mesma face para seu "sol". Dependendo do modelo de distribuição dos tipos de estrelas, isso significa 75% a 95% dos planetas habitáveis. Digamos que seriam 20 planetas "normais" e 108 planetas "travados", mas todos "classe M", como diria Spock – 0,1 a 10 vezes a massa da Terra e irradiação de 64% a 225% da terrestre. Sem considerar a possibilidade de formas de vida exóticas em planetas gigantes e suas luas ou em planetas extremamente quentes ou extremamente frios.

Dentro de um raio de 500 anos-luz, dentro do qual está a maioria das estrelas visíveis a olho nu, há cerca de 1,5 milhão de estrelas e, segundo o modelo, uns 15 mil planetas com vida. A partir desse ponto, o número de estrelas deixa de crescer de forma aproximadamente proporcional ao cubo do raio, pois a densidade estelar da Via Láctea cai fortemente ao se afastar do plano galáctico (fora do "disco fino" de mil anos-luz de espessura). Além disso, a densidade estelar cai também do centro para a periferia da galáxia.

Um raio de 5 mil anos-luz, por exemplo, abrange um naco do Braço de Órion da Via Láctea, além de beiradas dos braços vizinhos Perseu e Sagitário, bem como espaços entre eles. Cada braço tem cerca de 3,5 mil anos-luz de largura e o espaço menos denso entre eles, cerca de 1,5 mil. O Sol fica a 600 anos-luz da margem interior do Braço de Órion, na direção do Braço de Sagitário, mais próximo do centro galáctico.

O número de estrelas dentro desse raio de 5 mil anos-luz é da ordem de 600 milhões (metade no "disco fino" e metade, mais esparsas, no "disco espesso", de 12 mil anos-luz de espessura, "acima" e "abaixo") e o número de planetas habitáveis é de 6 milhões. Nesta região, estão incluídas todas as estrelas visíveis da Terra a olho nu e também praticamente todas as estrelas da nossa galáxia que são acessíveis a telescópios ópticos.

Oito mil a 10 mil anos-luz é a extensão teórica da Federação dos Planetas Unidos de *Star Trek*, segundo textos autorizados e também algumas afirmações de personagens ao longo da série, mas isso é inconsistente com a velocidade de cruzeiro indicada na série, "dobra 6". Isto era considerado como 216 vezes a velocidade da luz na série original (o número da dobra era a raiz cúbica da velocidade) e 392,5 vezes em *The Next Generation* (na qual Michael Okuda impôs uma escala assintótica[4] que a série não conseguiu usar de forma coerente), mas isso significaria décadas para atravessar a extensão desse espaço e as missões da Frota Estelar duram no máximo cinco anos. As velocidades máximas – "dobra 8" a "dobra 9,6" – estariam na faixa de 1.000 a 2.000 vezes a velocidade da luz, mas se supõe que sejam atingidas apenas em casos excepcionais. Já foi sugerido[5], como solução para essa contradição, que a Federação consiste num núcleo de 100 a 200 anos-luz de diâmetro e a extensão maior se refere a uma rede de colônias e aliados dispersos por esse espaço maior, mas isso significaria deixar estes fora do alcance das naves do núcleo. Sua conexão com a Federação seria apenas simbólica.

Não é a única contradição: na maioria dos episódios de *Star Trek* se vê estrelas passarem pela tela, como se a nave as estivesse deixando para trás, em questão de alguns segundos. Como a separação média entre sistemas estelares (em nossa vizinhança) é de aproximadamente oito anos-luz, isso implicaria uma velocidade da ordem de alguns anos-luz por segundo, dezenas de milhões de vezes superiores à da luz, o que é completamente incompatível com o cenário de *Star Trek* (embora não, talvez, com o de *Star Wars*): a essa velocidade, as naves atravessariam o espaço da Federação em menos de uma hora e a galáxia inteira em menos de um dia.

Caso se queira escalas de tempo humanamente razoáveis num raio de cinco mil anos-luz, não se pode levar décadas para atravessá-lo. De que serviria enviar uma frota para socorrer colonos se ela levasse vinte anos para chegar? É preciso que as naves tenham velocidades de cruzeiro da ordem de milhares ou dezenas de milhares de vezes mais rápidas que a luz. Uma legião levava até seis meses para marchar de Roma até os limites mais distantes do Império e vice-versa. Uma caravela portuguesa levava seis a oito meses de Lisboa a Goa.

Se ampliarmos o raio de ação para 50 mil anos-luz, então já abrangemos uma galáxia inteira, ou pelo menos a maior parte dela.

4 Disponível em: http://www.ex-astris-scientia.org/treknology/warp6.htm

5 Disponível em: http://www.stdimension.org/int/Cartography/federation.htm

A partir dos anos 1980 começou-se a considerar a região central inabitável devido à excessiva proximidade entre as estrelas, que haveria de expor os planetas ali existentes à radiação de explosões de supernovas com demasiada frequência e a periferia também seria inóspita, pela falta de elementos pesados para constituir planetas sólidos. Em 2004, um estudo afirmou que a zona habitável da Via Láctea se estendia apenas em distâncias de 23 mil a 29 mil anos-luz do centro (nós estamos a 27 mil).

O modelo de Gowanlock, construído em 2011 com maior detalhamento, chegou a conclusões bem diferentes. O número de sistemas com condições propícias à vida se adensa tanto na direção do centro que isso mais que compensa o fato de as catástrofes cósmicas serem mais frequentes . E na periferia há um número decrescente, mas razoável, de sistemas ricos em elementos pesados[6] e com idade suficiente para ter desenvolvido vida complexa.

A frequência de planetas habitáveis cai de 2,7%-3%, a 8 mil anos-luz do centro, para 0,25% na extrema periferia, a 50 mil anos--luz. Na média, seria de 1,2% a 1,7% e em nossa vizinhança de 0,9% a 1,15%. Haveria 36 bilhões a 113 bilhões de estrelas dentro das regiões consideradas (dependendo das hipóteses para a variação do adensamento entre centro e periferia e a distribuição dos tipos de estrelas) e 480 milhões a 1,75 bilhão de planetas propícios a vida semelhante à terrestre, metade dos quais a distâncias de 8 mil a 14 mil anos-luz do centro. O modelo não inclui o bojo central (com raio de 8 mil anos-luz), que inclui a grande maioria das estrelas da Via Láctea (provavelmente 300 bilhões), mas é a região mais conturbada. Ficou para estudo posterior investigar a possibilidade ou não de vida por ali. Interessante que mesmo na hipótese mais conservadora, o número de planetas habitáveis deduzidos por esse modelo científico racional é muito maior do que geralmente se supõe nas *space operas*: *Star Trek* fala em 3 milhões de planetas habitáveis[7]

6 Em 27 de janeiro de 2015, uma equipe da Universidade de Birmingham anunciou a descoberta de cinco planetas rochosos (não gasosos) com diâmetros variando de 5.000 a 9.400 km no sistema Kepler-444, a 117 anos-luz. Essa é uma estrela com idade estimada de 11,23 bilhões de anos e muito pobre em elementos pesados. O fato de mesmo essas estrelas poderem ter planetas semelhantes à Terra sugere que o número de planetas potencialmente habitáveis pode ser ainda maior do que o calculado nesse modelo.

7 Disponível em: http://en.memory-alpha.org/wiki/Class_M

em toda a galáxia e diferentes versões de *Star Wars* variam de um milhão de planetas habitáveis[8] a mais de 50 milhões incluindo colônias[9] (dentro do Império, que inicialmente foi concebido como abrangendo toda a sua galáxia, mas na versão mais recente, retificada, cobre apenas um quarto dela).

O risco de um planeta receber uma dose catastrófica de uma supernova em 4 bilhões de anos seria da ordem de 90% na área central, 64-73% na média, 47%-64% em nossa vizinhança e 10% na extrema periferia, mas isso nem sempre seria uma sentença de morte para o planeta. Destruiria a camada de ozônio e a vida na superfície, mas grande parte da vida marítima e subterrânea pode sobreviver e permitir nova evolução em mais centenas de milhões de anos. Se acontecer antes da evolução de vida fotossintética e da formação da camada de ozônio, não teria nenhum efeito significativo.

Entramos na escala de tamanho do Império Galáctico da série *Fundação* de Isaac Asimov, ou de seu homônimo em *Star Wars*. Nessa escala, as velocidades adequadas terão que ser da ordem de centenas de milhares de vezes a velocidade da luz. No Episódio IV de *Star Wars*, a *Millennium Falcon* viaja de Tatooine, na periferia da sua galáxia, ao sistema Alderaan, perto do "centro brilhante da Galáxia". Seria uma distância da ordem de 40 mil a 50 mil anos-luz, percorrida em questão de dias, logo a velocidade teria de ser da ordem de milhões de vezes a velocidade da luz. No Episódio I, Darth Maul parece fazer a viagem de Coruscant a Tatooine, uma distância semelhante, em menos de um dia.

No universo de Asimov, as naves "saltam" instantaneamente de um ponto a outro do espaço, mas esses saltos são limitados a cerca de mil anos-luz e o cálculo necessário leva um dia inteiro, o que resulta numa velocidade efetiva cerca de 400 mil vezes maior que a luz – até que o computador da revolucionária *Far Star* de Golan Trevize em *Fundação II* e suas sequências permite calcular 28 saltos em meia hora, o que equivale a uma velocidade 570 milhões de vezes maior que a da luz.

---

8 Disponível em: http://www.moviecritic.com.au/images/star-wars-galaxy-map-big-version-detailed12.jpg

9 Disponível em: http://geekosity.blogspot.com.br/2009/08/endnotes-for-star-wars-essential-atlas.html

Velocidades dentro de sistemas solares

A maioria dos cenários de ficção científica supõe que velocidades de dobra são impossíveis ou drasticamente reduzidas na vizinhança de planetas ou mesmo de sistemas estelares. Não há, por enquanto, um motivo científico para essa suposição, mas ela é conveniente para fins narrativos e dramáticos. Se uma nave for capaz de viajar a mil vezes a velocidade da luz, uma velocidade modesta para um cenário de centenas de anos-luz de amplitude, ela voaria da Terra a Marte em menos de um segundo e da Terra a Lua em um milésimo de segundo, o que tornaria praticamente inconcebível uma batalha dentro do Sistema Solar e possibilitaria que qualquer um disposto a atacar de surpresa destruísse mundos inteiros antes de ser notado.

Para evitar esse inconveniente, pode-se supor que movimentos rápidos demais na vizinhança de campos gravitacionais intensos interferem de maneira perigosa com a propulsão de dobra, obrigando os tripulantes a desligá-la e usar "propulsão de impulso" (foguetes).

Caso se queira evitar a complicação de dois sistemas de propulsão completamente diferentes na mesma nave, pode-se supor que é preciso apenas reduzir drasticamente a velocidade de dobra, eventualmente para níveis subluminais. Suponhamos que a velocidade máxima segura seja expressa por uma fórmula como:

$$V = V_{max} / (1 + G.C)$$

Onde

V = velocidade da nave no espaço interestelar
V_{max} = velocidade máxima em determinado meio interplanetário
G = gravidade local expressa em múltiplos da gravidade da Terra.
C = uma constante estipulada pelo autor.

Vamos supor, por exemplo, que $C = 1.10^7$. Nesse caso, perto da Terra (órbita baixa), uma nave que faria 1.000 c no espaço interestelar poderia fazer apenas 1.000/10.000.001 c ou cerca de 30 quilômetros por segundo. Longe da Terra, mas à mesma distância do Sol, logo sob a gravidade deste, que é 0,006g a essa distância do centro, a velocidade seria 1.000/6.001 c, ou 50 mil quilômetros por segundo. Uma viagem entre planetas do mesmo sistema estelar seria feita por essa nave em questão de horas e de um planeta a seus satélites em minutos, o que é compatível com o que se vê em cenários como os de *Star Trek* e *Star Wars*.

Mísseis de dobra

Um cenário com naves muito mais velozes que a luz pode envolver batalhas a distâncias de bilhões ou trilhões de quilômetros – horas-luz, meses-luz ou mais. Lasers e outros raios de energia seriam lentos demais para serem sequer considerados. Mísseis de trajetória predeterminada também seriam inúteis a essas distâncias, pois mesmo uma nave cem vezes mais lenta que o míssil (mas ainda mais rápida que a luz) poderia se mover milhares ou milhões de vezes o próprio comprimento em qualquer direção antes de ser atingida. Um cenário coerente seria o uso de mísseis de cruzeiro que sejam mais ágeis que as naves e capazes de corrigir a rota para persegui-las, sejam teleguiados ou autoguiados (mas não inteligentes, se nossa ética proíbe enviar inteligências para uma morte certa). No primeiro caso, o míssil seria orientado por informações trocadas com a nave ou frota que o disparou; no segundo, dependeria de sua própria detecção de táquions.

A maneira mais simples de o míssil cumprir sua missão seria penetrar a "bolha de dobra" da nave alvo e detonar uma explosão nuclear ou de aniquilação matéria-antimatéria próxima do seu casco. No espaço, pela ausência de atmosfera, uma bomba atômica não gera uma bola de fogo nem onda de choque, mas "apenas" um clarão de raios gama, raios-X e nêutrons (no caso de aniquilação, apenas raios gama) que basta para vaporizar qualquer material imaginável a uma distância suficientemente curta. Não adianta usar nanotubos, diamante ou outros materiais miraculosos. A resistência mecânica de nada serve quando se trata de radiação e a questão é quanta energia é necessária para fundir e vaporizar o material. O tungstênio é o melhor material sob esse ponto de vista, mas nem tanto.

A título de ilustração, uma explosão esférica de um megaton desintegra uma camada de 28 centímetros de carbono, 22 de aço, 18 de alumínio, 12 de titânio ou 7 de tungstênio a 250 metros de distância, ¼ dessa espessura a 500 metros e 1/16 a 1.000 metros.

Essa ainda não é toda a história. Se a camada superficial for vaporizada a uma velocidade maior que a do som, gera-se no material um choque impulsivo, que se transmite para dentro do costado, é refletido e cria tensões que fazem a superfície interna voar em pedaços à velocidade da onda de choque. Esse efeito pode ser reduzido usando uma blindagem composta, com camadas internas de material mais flexível, mas é destrutivo mesmo que o costado não chegue a ser vaporizado. Isso acontece se a camada vaporizada for da ordem de 24 centímetros de carbono, 15 de aço ou 11 de alumínio, titânio ou tungstênio. Números exatos podem ser obtidos do site Nuclear Weapon Calculator[10].

Em vez de esférica, a explosão pode ser direcionada ao casco por uma carga moldada, de forma a dirigir sua energia para o casco e evitar que a maior parte dela se perca no espaço. Se a explosão for confinada a um cone de 22,5 graus (como se planejou no Projeto Órion, um conceito de nave impulsionada por explosões nucleares), a densidade da energia dentro do cone é cem vezes maior à mesma distância. Uma explosão a 250 metros vaporizaria 28 *metros* e não centímetros de carbono e abriria um rombo de 100 metros de diâmetro. Cones mais estreitos são possíveis, mas isto é suficiente para demonstrar o princípio. Nem vale a pena entrar em detalhes sobre o efeito sobre os eventuais tripulantes.

De que tamanho precisa ser um míssil? Uma bomba termonuclear moderna de um megaton pesa cerca de 500 quilos, mas este está longe de ser o mínimo teórico. Supondo conversão total de massa em energia, o mesmo efeito poderia ser obtido com um pouco menos de 25 gramas de antimatéria aniquilando igual massa de matéria (outras técnicas futuristas podem ser imaginadas – por exemplo, um miniburaco negro cuja explosão possa ser programada). A questão é a dimensão mínima de um sistema de propulsão capaz de criar a "bolha de dobra" com velocidade e duração adequadas e isso depende do arbítrio do autor.

Como se defender desse tipo de ataque? Um recurso é a evasão, o tipo de manobra que um caça deve tentar contra um míssil guiado. Com habilidade, um caça pode evadir um míssil com aceleração e

10 Disponível em: http://www.5596.org/cgi-bin/nuke.php

velocidade maior, cruzando sua trajetória e escapando de seu campo de visão até que o combustível do míssil acabe. Um míssil precisa ser capaz de uma aceleração 4 a 5 vezes maior que um caça para atingi-lo lateralmente (2 a 3 vezes se chega por trás). Assim, é concebível que uma nave pequena e ágil escape de um míssil ainda mais ágil, até certo ponto.

E para uma nave grande? Que tal os famosos escudos de força? Tais como são concebidos em *Star Trek* ou *Star Wars*, são pouco verossímeis. Como seria possível bloquear um laser sem bloquear toda luz e, portanto, a visão do espaço e das estrelas? O conceito de escudos que absorvem uma quantidade determinada de energia (escudos a 50%, 40%...) antes de "caírem" é difícil de interpretar fisicamente e ainda mais a ideia de que o impacto das armas inimigas é simplesmente absorvido: para onde vai a energia? Campos gravitacionais? Isso equivaleria a rodear a nave de um buraco negro, isolando-a do universo e tornando-a inútil.

Há outros tipos de escudos mais concebíveis. Naves interplanetárias de um futuro próximo deverão usar campos magnéticos[11] (análogos à magnetosfera terrestre) para proteger astronautas e equipamentos das partículas carregadas do vento solar. O uso de campos elétricos em veículos militares para repelir projéteis metálicos tem sido experimentado[12]. O problema é que explosões nucleares ou de antimatéria emitem raios gama, raios X ou nêutrons, que são imunes a campos eletromagnéticos.

A única coisa que absorve raios gama com eficácia são elétrons de elementos pesados, como o chumbo. Como esses elétrons estão muito próximos de um núcleo fortemente positivo, são capazes de absorver muita energia antes de serem expulsos do átomo. Já os nêutrons são mais bem absorvidos por certos isótopos de elementos mais leves, como boro e cádmio, cujos núcleos têm uma alta seção de choque de absorção para nêutrons. Entretanto, nenhum elemento é capaz de resistir ao fluxo de energia de uma explosão nuclear próxima e ninguém ainda conseguiu conceber fisicamente

---

11 Disponível em: http://www.stfc.ac.uk/RALSpace/Areas+of+expertise/Space+Research/Mini+magnetospheres/In+the+news/24654.aspx

12 Disponível em: http://www.telegraph.co.uk/technology/news/7487740/Star-Trek-style-force-field-armour-being-developed-by-military-scientists.html

um escudo não material que possa absorver essa energia. Não digamos que isso é absolutamente impossível em termos de ficção científica, mas parece mais complicado do que, digamos, viajar mais rápido que a luz. Vamos deixar essa ideia de reserva para considerá-la mais tarde.

E uma força que interfira com o míssil que se aproxima, ou com sua "bolha de dobra"? O míssil poderia reagir com uma explosão imediata, mas ao menos seria forçado a fazer isso a certa distância da nave e o dano cairia na razão inversa do quadrado da distância. Com isso, a nave seria imune a explosões abaixo de certa potência, mais ou menos como a blindagem metálica permite a um tanque ignorar armas até certo calibre. Mas já vimos que bombas poderiam chegar a milhares de megatons ou mais e isso é "simples" em termos de plausibilidade científica. Se a um quilômetro uma carga moldada de um megaton pode vaporizar 3 metros de titânio, uma carga de mil megatons ("meros" 25 quilos de antimatéria) pode fazer o mesmo a 30 quilômetros e uma de um milhão, a mil quilômetros. Como imaginar escudos de força de centenas ou milhares de quilômetros de raio? Ainda mais complicado se supusermos que as naves estarão rodeadas por uma "bolha de dobra" não muito maior que elas mesmas.

Uma possibilidade seria recorrer a um antimíssil, mas se míssil e antimíssil são tecnologicamente comparáveis, a probabilidade de deter o míssil inimigo será da ordem de 50%, o que não é muito reconfortante. Uma salva de antimísseis teria chances melhores, mas disparar vários mísseis de defesa contra um míssil de ataque não é muito eficaz e contra um inimigo agressivo, poderia rapidamente esgotar a munição.

O que se precisaria é de algum tipo de raio ou projétil muito mais rápido que a luz que pudesse ser disparado em grandes números contra mísseis que se aproximam. Um feixe de táquions poderia fazer o serviço se supusermos que os táquions interfeririam com o míssil a ponto de destruí-lo ou fazê-lo detonar a milhares ou dezenas de milhares de quilômetros (duvidoso, pois geralmente se supõe que os táquions têm pouca interação com a matéria normal). Ou uma bolha de dobra sem nave, contendo energia, enviada a uma velocidade muito maior que a dos mísseis, parecida com a "onda sóliton"[13] do episódio *New Ground* de *Star Trek: The Next Generation*. Ou ainda uma versão dirigida e domesticada do campo inflaton que teria sido responsável pela expansão inflacionária do Universo na primeira fase do Big Bang.

De qualquer forma, dependendo das velocidades em jogo e do alcance dessas armas, a "janela de oportunidade" para dispará-las, durante a qual o míssil estará ao alcance antes que seja tarde demais, pode ser de milissegundos ou microssegundos, de modo que seria preciso confiar em inteligências artificiais muito rápidas. Numa operação de defesa como essa, o que poderiam fazer inteligências naturais além de torcer para dar certo? Planejar uma tática e orientar as manobras da nave para evitar que fosse esmagada por mais mísseis do que seria capaz de interceptar ao mesmo tempo, por exemplo.

Um problema: se uma arma precisar ser voltada em qualquer direção em um microssegundo, a aceleração centrífuga na ponta será da ordem de um trilhão de gravidades por metro de raio, comparável à exercida por um buraco negro a uns poucos quilômetros do horizonte de eventos. Isto sugere a necessidade de que o direcionamento seja feito por meios puramente energéticos. Essas armas se parecerão mais com bolhas de energia do que com canhões antiaéreos da II Guerra Mundial.

Abordagens

"Em certas situações inclusive, ocorre a abordagem e invasão da nave inimiga por tropas, e isso lembra muito as batalhas navais travadas entre as rústicas caravelas da madeira dos tempos das grandes navegações", comentou XR em sua crítica a *Star Trek*. Essa observação merece uma consideração mais cautelosa. A rigor, a idade de ouro das abordagens, quando essa foi a tática fundamental da guerra naval é anterior às caravelas dos Descobrimentos: ocorreu na era dos combates de galeras, do período romano à Idade Média, quando os canhões ainda não existiam e as alternativas (fogo grego, abalroamento) eram quase tão perigosas para o atacante quanto para o alvo.

13 Disponível em: http://en.memory-alpha.org/wiki/Soliton_wave

Mas isso não significa que as abordagens simplesmente deixaram de existir. Na II Guerra Mundial, houve várias operações de abordagem e apresamento de navios mercantes e mesmo de navios de guerra ou submarinos inimigos, uma vez que estejam indefesos ou dispostos a se render (um comandante deveria destruir ou afundar um navio em risco de ser capturado, mas nem sempre isso é possível). Uma delas – a do danificado submarino alemão *U-110*[14] pelo destróier britânico *Bulldog*, em 1940 – ficou famosa, porque permitiu a Winston Churchill se apoderar da famosa máquina Enigma, que codificava as mensagens secretas dos nazistas.

Claro que tais operações são excepcionais na guerra moderna, na qual o inimigo é mais frequentemente destruído à distância, mas histórias de aventura se fazem com casos fora do comum. Além disso, abordagens nunca deixaram de ser a forma de combate usual da pirataria, que continua a ser praticada nos dias de hoje (principalmente no Oceano Índico, ao largo da Somália) com navios mais modernos, mas táticas não muito diferentes das que eram usadas por piratas do Mediterrâneo na época de Homero ou bucaneiros do Caribe do século XVIII. Abordagens continuam viáveis quando o alvo está pouco armado e disposto a se render (o que supõe que os tripulantes possam esperar um tratamento decente por parte dos captores).

Deve-se considerar também que a guerra interestelar necessariamente envolveria abordagem em algum ponto. Não se faz uma guerra apenas para destruir naves e matar tripulantes. O objetivo final é se apoderar de recursos do inimigo – neste caso, asteroides, estações espaciais e naves civis, para começar. Mesmo o desembarque em um planeta inimigo não deixa de ser uma espécie de abordagem em escala gigantesca. Não se deveria descartar, a priori, essa forma de combate, ainda que no espaço e entre espécies diferentes, envolva uma série de problemas difíceis e interessantes. Como seria a abordagem por humanos de uma nave de alienígenas que respiram cloro a 90 graus centígrados (ou vice-versa?).

14 Disponível em: http://en.wikipedia.org/wiki/German_submarine_U-110_%281940%29

Caças, porta-aviões e naves-mães

A série *Galactica* popularizou a ideia de "naves-mães" que servem como um análogo interestelar aos porta-aviões modernos, carregando "caças espaciais" lançados ao espaço no momento do combate. Essa questão não foi discutida no artigo de XR, mas foi abordada pelo analista naval Chris Weuve numa entrevista de setembro de 2012 a Michael Peck na revista estadunidense de diplomacia e estratégia *Foreign Policy*[15].

Weuve fez observações similares a XR ao criticar as descrições de batalhas espaciais inspiradas em conceitos de guerra naval de várias épocas, nem sempre compatíveis entre si ou com as realidades físicas do espaço. No caso dos grandes porta-aviões, observa que no contexto naval é preciso um convés de voo para servir de portal entre o mar e o céu e que tem de ser bem grande, porque um avião precisa de espaço para decolar ou pousar. Deve ficar bem acima das ondas para fugir da turbulência do mar e as máquinas precisam ser poderosas para o vento do deslocamento do navio facilitar as operações dos aviões. E já que é preciso um navio bem grande para que funcione dessa maneira, então faz sentido pôr nele quantos aviões puderem ser manejados, mais combustível extra, central de comando, hospital e assim por diante.

Mas no espaço, onde o "caça" e a nave-mãe já estão no mesmo meio, não há necessidade de convés de voo espaçoso e elevado. Basta uma escotilha para um pequeno espaço interno, ou mesmo uma braçadeira para prender a nave menor à maior pelo lado de fora. E como em geral não se quer correr riscos desnecessários colocando todos os ovos numa mesma cesta, seria em geral preferível ter os "caças" dispersos por várias naves-mães de médio porte a concentrá-los numa só nave muito grande. Em vez de um super-porta-aviões, a analogia mais apropriada seria um pequeno porta-helicópteros ou uma fragata com helicópteros embarcados.

Pelo contrário, os caças da ficção espacial cinematográfica tendem a ser de tamanho menor do que o dos caças embarcados do século XXI, ou no máximo equivalentes, enquanto as naves-mães

15 Disponível em: http://www.foreignpolicy.com/articles/2012/09/28/aircraft_carriers_in_space

costumam ser muito maiores que os porta-aviões atuais. Segundo a *Wookieepedia* e a *Battlestar Wiki*, um Viper de *Battlestar Galactica* tem 9,9 metros de comprimento, o Raider dos cylons 8,9 metros, um caça TIE/LN de *Star Wars* 6,4 metros e um X-Wing 12,5 metros, enquanto a *Galactica* (na série "reimaginada") tem 1.440 metros, uma *basestar* dos cylons 1.030, um Star Destroyer 1.600 metros e o *Home One* da Aliança Rebelde 1.300 metros. Em comparação, os F-18 Hornet dos porta-aviões nucleares dos EUA têm 18 metros de comprimento e pesam 17 toneladas, enquanto os F4U Corsair da II Guerra Mundial tinham 10,1 metros e 6,3 toneladas. Um porta--aviões da classe Nimitz tem 333 metros e 105 mil toneladas e um da classe Essex (II Guerra Mundial), 265 metros e 36 mil toneladas.

Ou seja, um grande porta-aviões da história real é 18 a 26 vezes mais longo e 6 mil vezes mais pesado do que seus aviões, ao passo que as naves-mãe dos filmes são 104 a 250 vezes mais longas e, deve-se supor (faltam dados sobre as massas), milhões de vezes mais massivas que os caças que transportam. Entretanto, o número de veículos transportados não é tão diferente: a "ala aérea" da *Galactica* tem no máximo 100 "aviões" (que em seu caso são claramente o armamento principal), a de um Star Destroyer 100 e a do *Home One* 120; a do Nimitz porta 64 a 90 aviões e o Essex levava 102 (nem todos usados ao mesmo tempo: parte sempre de reserva, em manutenção ou danificados). As *basestars* dos cylons são exceção: o número de caças parece ser de 434 a 864, dependendo da versão (ou melhor, do episódio).

A sensação é que essas enormes naves-mães são absurdamente frágeis e um enorme desperdício de recursos, principalmente no caso dos rebeldes de *Star Wars*, pois seus caças são capazes de viajar por si mesmo entre sistemas solares sem reabastecer (como Luke faz várias vezes com seu X-Wing) e não precisariam de uma base móvel. É como se um porta-aviões de verdade usasse seu enorme espaço para carregar uma coleção de 100 aeromodelos e pudesse ser ameaçado pelos aeromodelos do inimigo. Faz sentido? Vejamos.

Qual a utilidade de um caça numa batalha interestelar? Uma delas pode ser a defesa contra caças inimigos, mas isso só faz sentido se um caça inimigo for capaz de infligir dano sério. Pelo menos parte dos caças deve transportar armas capazes de danificar as bases ou os navios principais do inimigo – presumivelmente, mísseis de teor explosivo comparável ao daqueles disparados diretamente entre naves. A vantagem dos caças estaria em poder se aproximar mais das naves inimigas antes de lançá-los, de forma a reduzir as oportunidades do inimigo para rastrear e interceptar esses mísseis e talvez possibilitar que estes sejam menores, mais leves e mais baratos (visto que percorrem distâncias muito menores e precisarão de menos "combustível"). Cabe ao autor decidir qual o tamanho mínimo desses mísseis: a carga explosiva pode ser relativamente minúscula, mas a propulsão talvez seja complicada e volumosa. Mas seja como for, o caça não deve ser muito maior que o estritamente necessário para transportar um míssil eficaz (ou um número limitado deles), pois sua capacidade de sobreviver depende de ser tão pequeno e ágil quanto possível. E uma nave-mãe não deveria ser muito maior do que o necessário para carregar uma ala de caças capaz de destruir o alvo inimigo (presumivelmente de dimensões comparáveis à sua) e dar-lhes apoio e manutenção.

A relação de tamanho entre a nave-mãe e seus caças poderia ser muito menor que a existente entre porta-aviões reais e suas aeronaves. Se não há necessidade de pista de decolagem que imponha um tamanho mínimo, uma nave-mãe para meia dúzia de caças poderia ser racional. Em todo caso não deveria ser maior, a menos que o autor tenha razões claras para isso. Por exemplo, pode supor que carregar a ala de caças é apenas uma função secundária da nave-mãe, como pode ser o caso do Star Destroyer, cujas funções principais parecem ser a de nave de batalha nave-a-nave e de desembarque de tropas e veículos – mas seria de supor que esses caças não tenham papel importante numa batalha em grande escala.

E se quisermos colocar mais de cem caças na mesma nave-mãe? No caso de um porta-aviões, há um limite prático que é o tempo necessário para lançar e recolher as aeronaves, visto que é possível apenas uma decolagem (20 a 30 segundos) ou um pouso (o dobro desse tempo) de cada vez e seria pouco prático demorar mais do que meia hora para pôr seus aviões em ação e uma para recolhê-los. Numa nave estelar, podem-se conceber meios mais rápidos. Por exemplo, os caças podem ficar dispostos na superfície e decolar "em revoada", como fazem os cylons de *Battlestar Galactica*.

O problema é se é racional construir naves tão grandes quando se supõe que meros caças podem colocá-las em perigo. Caso se faça questão de naves-mãe muito maiores que os porta-aviões atualmente existentes, o razoável é que seus caças também sejam muito maiores que os aviões de hoje.

Naves supergigantes

Na série original de *Star Trek*, as naves estelares eram geralmente da mesma ordem de grandeza de navios de guerra reais. A *Enterprise* do Capitão Kirk, que foi ao ar pela primeira vez em 1966, teria 305 metros, pouco menos que os 342 metros de seu homônimo, o primeiro porta-aviões nuclear dos EUA *Enterprise*, em serviço desde 1962 e a maioria das naves que apareciam no seriado era de tamanho semelhante ou menor, salvo um ou outro misterioso e quase invencível construto alienígena, como a "Máquina do Juízo Final" do episódio homônimo, com uns 2,8 quilômetros. Em produções anteriores, as naves costumavam ser bem menores: o *Jupiter 2* de *Perdidos no Espaço* (seriado original – a nave do filme de 1998 é muito maior) tinha 19 metros de diâmetro, o disco voador de *O Planeta Proibido* 51 metros, o disco de Klaatu em *O Dia em que a Terra Parou* 40 metros e a nave em forma de charuto do Dr. Zarkov, na qual voava Flash Gordon no seriado dos anos 1940, teria uns 22 metros de comprimento.

O Episódio IV de *Star Wars*, ao pôr em cena os *Star Destroyers* e a *Death Star* com efeitos especiais e detalhes capazes de dar a impressão de gigantismo, elevou o patamar da imaginação. Naves com mais de um quilômetro[16] hoje são rotina. Filmes e videogames precisam de veículos com dezenas de quilômetros[17] ou mesmo centenas de quilômetros[18] se quiserem impressionar pelo tamanho ou sugerir invencibilidade – a nave-mãe dos alienígenas de *Independence Day*, por exemplo, teria cerca de 800 quilômetros de comprimento.

A ficção literária, que não precisa de efeitos especiais, vai ainda

16 Disponível em: http://www.merzo.net/2mpp.htm
17 Disponível em: http://www.merzo.net/100mpp.htm
18 Disponível em: http://www.merzo.net/2000mpp.htm

mais longe. No conto *Golden the Ship Was-Oh! Oh! Oh!* de Cordwainer Smith (1959), a nave dourada do título tem 145 milhões de quilômetros de comprimento. Naves do tamanho de planetas não são raras: as histórias da série *Marrow* ("Medula") de Robert Reed, iniciada em 2000, passam-se numa nave esférica do tamanho de Júpiter que chegou misteriosamente desabitada de outra galáxia e foi colonizada por humanos (estes criam na sua superfície uma vasta civilização, mas levam milênios para explorar seu interior). Na série *Hegemonia* do brasileiro Clinton Davisson, são rotineiras "macronaves" e "übernaves" do tamanho de luas e planetas. Faz sentido?

Pode ser que construções de dimensões literalmente astronômicas de vez em quando encontrem uma explicação e uma função interessantes em termos de ficção científica, mas quando se pensa nas desvantagens, fica difícil justificá-las como naves de guerra usuais.

Repetindo, o objetivo de uma guerra interestelar é presumivelmente tomar recursos do inimigo, tais como estações espaciais, usinas, asteroides e planetas. Se uma civilização tem tamanha abundância de recursos que é capaz de construir frotas de naves do tamanho de planetas, para que se daria ao trabalho de conquistar planetas alheios? Se é preciso desmontar planetas inteiros para construir tais naves, elas servirão para proteger o quê? Seria como construir frotas de porta-aviões nucleares para tomar ilhotas não muito maiores que eles. Não é preciso ser um vulcano para perceber que isso não é muito lógico.

Também não é nada lógico criar uma nave tão grande que viajar dentro dela seja um problema. Como faria uma equipe de manutenção, mesmo robótica, que tivesse de efetuar um reparo de urgência numa nave que acaba de ser danificada a cem ou mil quilômetros de onde ela está? Por meios normais, levaria dias ou meses para chegar. Seria preciso usar uma nave para viajar dentro da nave? Pouco prático, ainda menos em meio a uma batalha.

Até o tempo necessário para transmitir uma mensagem dentro da nave pode se tornar uma desvantagem séria. Numa nave com milhares de quilômetros, o tempo para transmitir um sinal à velocidade da luz começa a se contar em centésimos de segundo. Numa batalha em que movimentos decisivos são realizados em microssegundos, isso impede, na prática, que uma nave muito grande funcione como uma unidade.

Além disso, naves do tamanho de planetas terão massas tão imensas que tenderão a implodir sob o efeito de sua própria gravidade, mesmo que não se aproximem de planetas ou estrelas. Mesmo com materiais futuristas, mantê-las inteiras será um desafio de engenharia e tanto, quanto mais fazê-las navegar a velocidades superluminais e enfrentar batalhas. Abastecer e fazer a manutenção de tais naves seria tão complicado que restringiria seriamente sua utilidade, assim como seria pouco útil um navio que levasse meses para ser abastecido e não coubesse na maioria dos portos e estaleiros.

De modo geral, não há vantagem em construir um veículo maior do que o necessário para cumprir sua função. Quando em 1934 a Cunard lançou o *Queen Mary*, na época o maior navio do mundo e também o mais veloz dos transatlânticos, Sir Percy Bates, o presidente da empresa, afirmou que na verdade, tratava-se "do navio menor e mais lento que poderíamos construir para fazer o serviço", ou seja, oferecer passagens competitivas para atender ao movimento de passageiros entre a Europa e a América do Norte. Da mesma forma, um porta-aviões é do menor tamanho possível que possa acomodar uma pista da qual possam decolar caças supersônicos compatíveis com a guerra moderna. E um encouraçado era do menor tamanho possível capaz de disparar canhões do calibre desejado (um número razoável deles, para não ser incapacitado com um só golpe), carregar a blindagem necessária para protegê-lo dos canhões inimigos e se movimentar com velocidade adequada.

Ser maior que o necessário não é só inútil: é uma desvantagem ofensiva e defensiva. Quando se colocam numa mesma nave muitas armas que poderiam ser distribuídas entre naves menores, perde-se mobilidade e flexibilidade e se corre maiores riscos. Naves menores podem se redistribuir no espaço em formações que dificultem ao inimigo evitar seus ataques ou responder a eles, dividir-se entre diversos alvos ou se reunir conforme a necessidade e não correm o risco de serem destruídas de uma só vez por um golpe do inimigo. Aliás, a função mais comum das naves supergigantes na ficção parece ser exatamente essa: dar a um inimigo relativamente fraco uma oportunidade de obter uma vitória decisiva, que pode ser obtida com um simples disparo de um caça X-Wing ou um vírus de computador improvisado num laptop.

O único bom motivo para se ter uma nave muito grande seria uma arma útil que exigisse muito espaço. Poderia ser o caso, digamos, do superlaser da Estrela da Morte em *Star Wars* – mas apenas se ele fosse de fato útil. Não é o caso de uma arma gigantesca para desintegrar um planeta inteiro e reduzi-lo a asteroides. Mesmo que o objetivo seja destruir o inimigo e não tomar posse de seus recursos, há maneiras igualmente eficazes, mais atemorizantes e muito mais econômicas de destruir toda a vida macroscópica de um planeta. Na verdade, elas estão ao alcance das grandes potências da Terra desde os anos 1950. Trezentas bombas atômicas de um megaton (havia em 2019 pelo menos 13,9 mil armas nucleares no mundo e chegaram a existir 70 mil nos anos 1980) são suficientes para contaminar todas as áreas povoadas do mundo com radioatividade suficiente para matar em duas semanas e deflagrar um inverno nuclear que causaria extinção em massa. Com tecnologia de hoje, essas armas não precisam pesar, juntas, mais do que 150 toneladas, o que é mais ou menos a capacidade de carga de um Airbus A380 com 73 metros de comprimento. Há maneiras ainda mais econômicas de tornar um planeta inabitável, tais como bombas sujas e armas biológicas ou nanotecnológicas.

Ou seja, não é preciso uma arma muito grande para destruir um planeta – e por outro lado, isso pode não ser suficiente para vencer uma guerra interestelar, pois uma civilização capaz de travá-la provavelmente estará difundida por muitos sistemas estelares, cada um com muitas colônias em estações espaciais, asteroides, luas e cometas. Mais uma razão para preferir muitas naves de guerra menores a poucas naves muito grandes: seria preciso lidar simultaneamente com muitos alvos diferentes.

O que é o tamanho adequado nesta concepção depende apenas da decisão do autor sobre qual o tamanho mínimo de um veículo descartável capaz de atingir as velocidades desejadas (muito superiores à da luz) com o alcance necessário (bilhões ou trilhões de quilômetros). Isto definiria o tamanho do míssil. A partir de um multiplicador razoável, pode-se então supor o tamanho de um "caça" (uma nave não descartável capaz de disparar um pequeno número de mísseis por uma distância comparável) e de uma "nave de batalha" (capaz de disparar um grande número de mísseis e ter um alcance de muitos anos-luz). O que é um multiplicador razoável?

Bem, a relação de massa entre um caça F-18 e um dos dois mísseis antinavios Harpoon que pode carregar é 33 para 1 (73:1 e 184:1 para os mísseis antiaéreos Sparrow e Sidewinder, dos quais pode levar 2 e 4, respectivamente). Na II Guerra Mundial, a principal arma antinavio de um avião naval Avenger era um torpedo (único) com relação de massa de 9:1, ou oito pequenos foguetes antissubmarinos, com relação 1:225 ou 1:338.

A relação de massa de um hovercraft lança-mísseis norueguês para com cada um de seus 8 mísseis antinavio é 670:1. Tratando-se de fragatas com 8 a 16 mísseis antinavio, a relação varia de 1.000:1 a mais de 10.000:1. Nos grandes cruzadores russos, a relação é de 4.000:1 para os mísseis antinavio de maior porte (dos quais levam 20), mas todos esses navios carregam também vários outros tipos de armamento antiaéreo e antissubmarino.

A relação de massa entre um grande porta-aviões e uma de suas cerca de 100 aeronaves é da ordem de 6.000:1, mas já vimos que em se tratando de espaçonaves, relações menores são possíveis e geralmente desejáveis. Na II Guerra Mundial, os pequenos porta-aviões de escolta da classe *Casablanca* (10,9 mil toneladas) carregavam 28 aviões e a relação de peso era 1.350:1. Um porta-helicópteros como o japonês *Hyuga* (19 mil toneladas) tem uma relação de peso de 2.000:1 com seus 4 a 11 helicópteros antissubmarinos, mas carrega também mísseis e torpedos; no caso do já desativado porta-helicópteros francês *Jeanne d'Arc*, que carregava 4 a 8 helicópteros (e também canhões e mísseis), a relação era 1.000:1.

Suponhamos que o tamanho mínimo de um míssil de dobra utilizável por caças seja de 20 toneladas – não pelo material explosivo, que poderia ser de gramas, como já vimos, mas pela complexidade do veículo. Essa é aproximadamente a massa do drone X-47B dos EUA, o primeiro a decolar e pousar de um porta-aviões e também é o tamanho aproximado daquilo que pode caber dentro das menores "bolhas de dobra" (10 metros), hoje consideradas nas especulações sérias sobre a propulsão de Alcubierre. Para os mísseis usados por navios, arbitremos 200 toneladas, pois precisam de muito mais alcance e capacidade de manobra. São exemplos arbitrários: cada autor pode fazer as suposições mais convenientes a seu cenário, inclusive sobre o grau de miniaturização que considera possível ou adequado.

Guardando proporções compatíveis, um caça teria umas 4.000 toneladas (mais do porte de uma *Millennium Falcon* do que de um X-Wing, embora com um só tripulante), uma nave de escolta, "corveta" ou "fragata", 200 mil a 2 milhões de toneladas e uma nave-mãe de tamanho moderado (dez a vinte caças, mais algum armamento contra caças e naves), um "cruzador porta-caças", algo da ordem de 4 milhões a 8 milhões de toneladas. Note que estas dimensões sugeridas para as naves são maiores que as da *Star Trek* original e comparáveis às de *Star Trek: The Next Generation.*

Um tipo adicional de nave pode ser destinado ao transporte de forças armadas terrestres, aéreas ou navais (cibertanques, drones etc.) para planetas que se quer conquistar ou proteger. Seria essencialmente uma nave-mãe, mas em vez de caças, transportaria naves menores capazes de atravessar uma atmosfera, pousar num planeta e desembarcar suas forças de combate. Como nos demais casos, também seria contraproducente fazer tais naves maiores que o necessário. Dividir uma tropa entre várias naves evita o risco de perdê-las de uma só vez e viabiliza um desembarque mais rápido do que se todos os veículos tiverem de partir da mesma nave-mãe e numa nave de tamanho moderado já cabe *muita* coisa. Um navio de assalto anfíbio da classe *Tarawa*, dos EUA, de 40 mil toneladas, leva uma unidade expedicionária de *marines* (1.700 fuzileiros) com equipamento completo (incluindo 4 tanques, 30 carros de combate leves, 14 morteiros e obuseiros e 100 caminhões, tratores e jipões), mais os helicópteros e lanchas necessárias para desembarcá-los e algumas aeronaves de combate.

Também não há porque uma "nave de comando" precise ser muito grande. A ideia de naus-capitâneas gigantescas, como o *Executor* de Darth Vader (19 quilômetros), parece ter surgido de uma das obras fundadoras da *Space Opera*, o romance *Gray Lensman* da série *Lensman*, de E. E. "Doc" Smith, originalmente publicado em capítulos na *Astounding Stories* de 1939 a 1940.

Na batalha decisiva de uma guerra entre duas galáxias, o herói Kimball Kinnison comanda um milhão de naves contra uma frota inimiga do mesmo tamanho, a bordo da nave de comando *Z9M9Z Directrix,* cujas dimensões não são dadas, mas se supõem quilométricas. O livro foi influente e não só na ficção científica: segundo o acima citado Chris Weuve, essa passagem teve uma influência direta na decisão da marinha dos EUA de criar os Centros de Informações de Combate (CICs) nas capitâneas de suas forças-tarefas a partir de 1942. Mas "Doc" Smith precisava de uma nave capitânea enorme por uma questão de limitações tecnológicas. Supôs um "tanque" de 210 metros de diâmetro e 24 metros de espessura, com milhões de lampadinhas, para criar um modelo fiel da Galáxia (escala aproximadamente $1{:}5x10^{18}$ ou um ano-luz para dois milímetros) e representar o combate.

Um equipamento tão grande exigiria, naturalmente, um passadiço ("ponte de comando") ainda maior e uma nave imensa. Na era da informática, é fácil, porém, imaginar maneiras menos toscas e rígidas de criar simulações de qualquer tamanho. Os verdadeiros CICs são salas de tamanho normal e os navios capitâneas das frotas modernas são cruzadores adaptados (com equipamentos de telecomunicações reforçados) ou outros navios de porte médio.

Ainda faz absoluta questão de uma nave muito, mas muito grande? Temos uma desculpa de reserva. Lembra-se dos escudos de força contra raios gama e nêutrons de explosões nucleares que dissemos que seria muito difícil de imaginar? Suponha que possam existir, mas impliquem um equipamento enorme, algo quase tão grande e complicado quanto o acelerador de partículas LHC. Agora você tem uma justificativa para construir um encouraçado estelar: será muito caro, mas terá chances de sobreviver a explosões nucleares de muitos megatons. E já que tem que ser mesmo muito grande, pode aproveitar o espaço para enchê-lo com um número enorme de armas, ou com armas enormes (capazes de abater outros encouraçados, talvez) e ainda com montes de caças, se quiser. Combinar funções de encouraçado com a de porta-aviões não era uma boa ideia na guerra naval porque é impossível operar aviões com grandes canhões em ação, mas mísseis são perfeitamente compatíveis com caças estelares. Pronto: pode projetar algo mais parecido com a *Galactica* ou os Star Destroyers de *Star Wars,* com quilômetros de comprimento e dezenas ou centenas de milhões de toneladas, talvez bilhões. Mas lembre-se de que, neste caso, as naves menores não terão escudos.

Formato das naves

Até o início dos anos 1960, naves interestelares eram concebidas na ficção popular como esferas, fusos, cilindros ou discos e frequentemente com formas aerodinâmicas. A *Enterprise* da série original de *Star Trek* é uma combinação peculiar de disco e cilindros, mas a série introduziu muitos tipos diferentes entre as naves alienígenas e *Star Wars* acostumou os espectadores a aceitar a ideia de que uma nave pode ter qualquer formato.

Pode mesmo? Em princípio, sim: se o meio não oferece resistência e não há gravidade, não há motivo para que as naves tenham formas aerodinâmicas. Há, porém, algumas restrições.

Quando se quer uma nave capaz de pousar em planetas com atmosfera, convém que ela tenha forma aerodinâmica, tanto quanto possível. Para uma nave que viaje a velocidades relativísticas, ou seja, não muito menores que a da luz, também é importante que tenha formas "espaçodinâmicas", pois a velocidades de milhares de quilômetros por segundo o gás e a poeira do espaço se tornam riscos e fontes de atrito que é preciso minimizar dando à nave uma forma de cone ou fuso.

Uma forma esférica proporciona economia de material (logo menos massa) para o mesmo volume e é mais manobrável, o que é conveniente quando se lida com viagem no vácuo, propulsão convencional e velocidades e acelerações moderadas. Quando se requerem acelerações maiores, proteção contra radiação e manobras na atmosfera, a tradicional forma de cilindro ainda é teoricamente a mais adequada.

E uma nave com propulsão de dobra? Nesse caso, supõe-se que a nave é impulsionada por uma bolha de dobra mais rápida que a luz, mas está "parada" em relação à bolha. A aerodinâmica não é necessária, a menos que se queira que ela pouse e decole em planetas com atmosfera.

Um ponto importante é a capacidade de defesa: se ela precisa se defender de mísseis que podem vir de qualquer parte e o tempo de reação é muito curto, o formato deve permitir armas defensivas capazes de disparar em qualquer direção do espaço com um mínimo de tempo para redirecioná-las, sem "pontos cegos". O ideal é uma forma regular, sem protrusões e superestruturas que bloqueiem o arco de tiro das armas defensivas. Em tese, uma esfera permitiria a distribuição mais regular das defesas, mas talvez um elipsoide achatado, por oferecer mais superfície para dispor tais armas, seja mais vantajoso nesse aspecto, além de ser relativamente aerodinâmico para o caso de ser necessário entrar em alguma atmosfera e ser mais cômodo para tripulantes acostumados a viver em superfícies planas.

Um detalhe que talvez se queira considerar é que o sistema de propulsão de Alcubierre, tal como é hoje imaginado, utilizaria uma estrutura em forma de anel[19] para gerar a bolha de dobra, com um papel análogo ao das nacelas das naves da Federação. Isso talvez resulte em naves semelhantes às imaginadas para os vulcanos[20] na série *Star Trek: Enterprise*, ambientada no século XXII, embora seus criadores tivessem em mente apenas razões simbólicas e estéticas ao concebê-las. Claro que é apenas uma sugestão: seria pretensão demais tentar entrar em detalhes, hoje, sobre os métodos de um futuro distante.

Mesmo assim, vale notar que a primeira especulação séria sobre a aparência de uma nave de propulsão de dobra, de autoria do engenheiro aeroespacial Harold G. White, chefe da Equipe de Propulsão Avançada da NASA (com a colaboração do físico Michael Okuda e do artista Mark Rademaker) usou esse conceito[21] ao apresentar a arte da IXS-110 Enterprise[22] em junho de 2014.

Formações

Em séries como *Star Trek* e *Galactica*, a maioria das aventuras se desenvolve em torno de uma só nave e a maioria dos combates não passa de escaramuças com outra nave isolada, mas na realidade da guerra as batalhas importantes são travadas entre frotas inteiras, de modo que as formações deveriam ser pensadas.

19 Disponível em: http://hypescience.com/como-seria-uma-verdadeira-nave-de-dobra-espacial/
20 Disponível em: http://www.ex-astris-scientia.org/scans/vulcans1.htm
21 Disponível em: http://www.theverge.com/2014/6/13/5806104/nasas-warp-drive-spaceship-concept-enterprise
22 Disponível em: https://www.flickr.com/photos/123021064@N05/sets/72157644113972600/

Desde a introdução das armas de fogo, na guerra naval usou-se historicamente dois tipos principais de formação: linear e circular.

A forma básica do primeiro tipo, mais comum do início da era do canhão até a I Guerra Mundial, dispõe os navios de combate (naus de linha ou encouraçados) numa fila simples, tão próximos uns dos outros quanto seja seguro navegar –600 a 1.800 metros, dependendo do tamanho e da velocidade dos navios. Como esses navios costumavam ter os canhões dispostos de maneira a ter maior poder de fogo dos lados, isso lhes permitia somar forças de forma mais eficiente e sem cobrir a linha de visão uns dos outros, além de poder manobrar sem risco de se chocar com os vizinhos. Formações escalonadas (navios em diagonal) e em losango (navios em ziguezague) são variantes cuja principal utilidade é melhorar a visualização, os arcos de fogo e a cobertura antiaérea. Formações com navios lado a lado ou em V são úteis para os navios se apoiarem mutuamente para varredura, visual (nos tempos antigos) ou por sensores (na idade moderna). A formação em linhas múltiplas paralelas, de caráter defensivo (inadequada para ataque, pois uma linha bloqueia a visão da outra) é usada principalmente em comboios de navios de carga, para reduzir a área ocupada e dificultar a localização pelo inimigo.

O segundo tipo se tornou mais comum na II Guerra Mundial, devido ao uso crescente de aviões e submarinos. Formava-se um anel exterior com os navios de escolta (geralmente destróieres e cruzadores) à volta e um anel interior com os navios principais (geralmente porta-aviões ou encouraçados) em torno do centro. Os navios de escolta barravam os ataques de aviões aos navios principais, enquanto estes enfrentavam outros navios principais à distância com grande alcance de seus aviões e canhões de grande calibre. A distância entre os navios do círculo interior era tal que não atrapalhassem as operações uns dos outros (cerca de 2 quilômetros, para porta-aviões) e as do círculo exterior tais que os raios de ação de seu fogo antiaéreo se complementassem (cerca de 4 quilômetros, para destróieres da II Guerra Mundial). Podia haver círculos mais exteriores, para varredura antissubmarino e de radar.

Na aviação de caça, a formação mais tradicional era o V, introduzida pelos britânicos, com um caça líder à frente e um ala de cada lado e um pouco atrás. A ideia era dar ao líder maior campo visual, enquanto os alas o seguiriam e obedeceriam, concentrando seu poder de fogo à frente (dada a disposição das armas nos caças). A desvantagem é que os alas precisavam prestar atenção no líder e uns nos outros para não se chocar e não podiam ajudar a localizar inimigos. Além disso, as manobras conjuntas eram dificultadas pela necessidade de manter essa rígida formação nas curvas, obrigando um ala a reduzir velocidade e outro a aumentá-la consideravelmente.

Na II Guerra Mundial, essa formação foi superada pela formação em pares ou "elementos" inventada por alemães. Dois aviões voam alinhados paralelamente ou com o líder um pouco mais à frente, cada piloto explorando o céu ao redor do seu parceiro e com distância variável entre os parceiros: asa com asa, para concentrar o poder de fogo no mesmo alvo, 100 a 200 metros para patrulha ou 400 a 600 metros para "ensanduichar" um inimigo entre eles. Dois pares podem se juntar num *Schwarm* ("cardume") ou "quatro dedos", com o líder da segunda dupla tomando posição oposta ao ala da primeira. Esse V assimétrico tem muito mais flexibilidade que o tradicional e pode efetuar manobras com facilidade, um caça fazendo a curva de cada vez sem alterar a velocidade.

Os grandes bombardeiros voavam em elementos com um avião líder e dois atrás em V, um deles pouco acima e o outro pouco abaixo. Os elementos se articulavam umas às outras de forma semelhante, reunindo esquadrões de 12 aviões e formações maiores de 36 a 54 aviões de forma escalonada, em vários planos. O propósito era que os bombardeiros cobrissem uns aos outros com suas armas defensivas, sem deixar cair suas bombas uns nos outros.

Quando se tenta adaptar formações navais a batalhas espaciais, o primeiro problema a levar em conta é que no mar os movimentos são bidimensionais, enquanto no espaço são tridimensionais – fato óbvio, mas frequentemente ignorado nos filmes. Mesmo as batalhas aéreas não podem ser diretamente traduzidas em formações espaciais, pois no espaço não há gravidade, a necessidade de sustentação não restringe as manobras, o risco de colisão ou de ser atingido por acidente é mínimo (dada as grandes distâncias e o tamanho relativamente minúsculo dos veículos) e a liberdade de movimentos é total (supomos que a aceleração é irrelevante, por ser anulada pela gravidade artificial ou por se usar "velocidade de dobra").

Na "tradução" da tradicional formação linear de encouraçados para o espaço tridimensional, o resultado poderia ser uma formação em grade, com as naves atacantes dispostas num grande quadrado ou círculo que avança lateralmente e tem linha de fogo perpendicular à sua área, de forma a somar forças num ataque na mesma direção. Entretanto, naves espaciais não têm necessariamente seu poder de fogo concentrado nas laterais, de modo que poderiam assumir outras formações com facilidade. A formação lado a lado se converte tridimensionalmente num círculo ou quadrado que avança perpendicularmente a seu plano. As formações em V se traduzem tridimensionalmente numa formação em cone ou pirâmide, com a mesma utilidade para varredura espacial ou concentração de fogo à frente.

A formação em linhas paralelas se converte, a princípio, num cubo ou esfera de naves. Na medida em que o objetivo é minimizar a detecção, as naves talvez possam viajar tão próximas das outras (do ponto de vista de sensores com alcance de anos luz, bem entendido, mas sem risco de colisão) que os sensores não possam distinguir o conjunto de um ponto. O inimigo poderia detectar o grupo, mas não identificar quantas naves e de que tipo há nele até que tomasse posição de combate, o que teria utilidades táticas evidentes.

A formação circular se converte numa formação esférica, com as naves principais cercadas não por um ou mais anéis, mas por uma ou mais conchas de naves de escolta. Como nas demais formações, a versão tridimensional exige mais naves: enquanto seis escoltas em hexágono são suficientes para formar um círculo protetor em torno da área central do plano, doze são necessárias (dispondo-se como os 12 vértices de um icosaedro) para fazer o mesmo em torno de um espaço central. De forma geral, formações tridimensionais pedem mais veículos que as bidimensionais. Mesmo que as naves não sejam gigantescas, é razoável que as frotas o sejam, ainda mais considerando que uma potência interestelar que se estenda por centenas ou milhares de anos-luz, como já vimos, poderia somar centenas, milhares ou milhões de sistemas estelares dentro de seu raio de ação e um Império Galáctico contaria bilhões.

Logística

Abastecimento e manutenção das naves são raramente levados em conta na ficção científica. Navios de guerra reais com propulsão convencional precisam ser reabastecidos a cada poucas semanas. Navios nucleares podem teoricamente navegar anos sem reabastecer, mas na prática suas missões duram seis a nove meses, após os quais necessitam (mesmo em tempo de paz) de manutenção, munição, combustível para aeronaves etc.

No caso da ficção científica, é possível que robôs de manutenção, impressoras 3D e usinas nanotecnológicas a bordo sejam capazes de fazer a manutenção básica, suprir algumas peças de reposição e manter a nave em bom estado por longos períodos. Alimentos, água e ar talvez possam ser indefinidamente reciclados por sistemas biológicos ou nanotecnológicos, de modo que missões de cinco anos, como as das *Enteprises* de *Star Trek*, sejam concebíveis.

E combustíveis? Impossível prever hoje quanta energia uma nave interestelar precisará, mas uma estimativa, provavelmente passível de muita redução, chegou a 1 terawatt[23] (1 trilhão de watts) como potência necessária para um veículo de 100 toneladas com velocidade quatro vezes maior que a da luz. O consumo aumentaria na proporção direta da massa e do quadrado da velocidade e inversa à da raiz quadrada da frequência dos lasers usados como osciladores do campo de dobra. Não é uma quantidade inimaginável de energia: 15 quilos de antimatéria e outro tanto de matéria poderiam sustentar essa potência por um mês, uma tonelada de cada substância por mais de cinco anos. Um reabastecimento frequente não seria indispensável.

Seria, porém, muito desejável dispensar a antimatéria. Ela é extremamente perigosa, já que se poucas gramas dela escaparem de um delicado sistema de contenção e entrassem em contato com a matéria da nave, deflagrariam o equivalente à explosão de uma bomba de hidrogênio. É estar permanentemente à beira do desastre e tratando-se de uma nave militar sujeita a estresses imprevisíveis e impactos violentos, é um risco muito alto.

23 Disponível em: http://nextbigfuture.com/2013/01/general-parameters-of-alcubierre-warp.html

Uma alternativa cuja viabilidade é duvidosa, mas plausível como especulação científica, é a energia de ponto zero, a energia residual que está presente até mesmo no vácuo absoluto, devido ao princípio de incerteza. Foi usada na propulsão de uma nave por Arthur C. Clarke no romance *Canções de uma Terra Distante*, de 1986, e como fundamento de uma arma explosiva, o torpedo quântico[24] na série *Star Trek*.

A disponibilidade teórica da energia de ponto zero é praticamente infinita: da ordem de 10^{114} joules por metro cúbico de vácuo. Em comparação, uma tonelada de matéria-antimatéria gera "apenas" um pouco menos de 10^{20} joules (cerca de 20 mil megatons). Mas o mais importante é poder supor que, seja qual for o método de extração (e ainda que possa aproveitar apenas uma fração minúscula dessa energia), a fonte dessa energia permanece inofensiva até ser posta em ação. O vácuo não é perigoso, ao contrário da antimatéria. Além disso, obviamente dispensa reabastecimento. O vácuo não é recurso escasso.

É improvável, porém, que uma nave possa produzir seus próprios mísseis e outras armas sofisticadas, ou que os mecanismos de autorreparo possam dar conta de danos mais graves, principalmente se houver necessidade de substâncias raras e compostos difíceis de sintetizar a bordo. Numa situação de guerra, seria preciso reabastecê-la periodicamente. As marinhas de verdade costumam ter navios auxiliares para abastecer as belonaves e seus aviões de combustível, comida e munições. As mais avançadas têm navios que combinam as três funções, para poupar ao navio de guerra três operações separadas de abastecimento. Numa armada interestelar, não deveriam faltar naves auxiliares capazes de abastecer as frotas com mísseis e outros materiais necessários quando se encontram longe de suas bases.

Vale aqui um parêntese: caso se queira manter um mínimo de compatibilidade com a ciência contemporânea, não se deve supor que sejam descobertos em outros planetas elementos naturais desconhecidos vitais para as naves interestelares ou outras tecnologias futuristas, feito o "dilítio" e o "tritânio" de *Star Trek*. Igualmente não cabe supor que a disputa por minérios seja uma causa de guerras interestelares, ou que haja naves de carga transportando simples

24 Disponível em: http://en.memory-alpha.org/wiki/Quantum_torpedo

matérias-primas entre as estrelas. A tabela periódica é uma só para o Universo inteiro.

Qualquer sistema estelar terá os mesmos elementos e isótopos encontrados no nosso, ainda que as proporções possam ser um pouco diferentes. Caso se precise de algum elemento básico, sempre será mais simples minerá-lo em algum lugar do próprio sistema estelar do que buscá-lo em outro e caso se precise de alguma forma alotrópica ou composto, é sempre mais simples sintetizá-lo no próprio sistema. Pode haver planetas cobertos de diamantes orbitando alguma estrela não muito distante, mas ainda assim será tecnologicamente muito mais simples e economicamente mais barato produzir diamantes sintéticos na Terra ou em qualquer parte do bom e velho Sistema Solar do que trazê-los de lá. Se for possível, o transporte interestelar será uma proeza muito mais extraordinária do que sintetizar qualquer matéria-prima natural.

Qualquer material crítico que valha a pena ser transportado entre as estrelas e disputado por guerras interestelares será algo artificial (ou, talvez, biotecnológico) cuja produção seja complicada a ponto de torná-lo pelo menos tão valioso por tonelada quanto as próprias naves interestelares, o que pede um pouco de imaginação. A antimatéria é um exemplo, embora relativamente trivial. Além disso, equipamentos de altíssima tecnologia talvez exijam matéria exótica, ou seja, átomos feitos de partículas estáveis que não os tradicionais prótons, nêutrons e elétrons, ou substâncias feitas de matéria convencional, mas com uma estrutura construída átomo a átomo. Certos equipamentos podem ser tão complicados e precisarem de usinas tão sofisticadas para serem produzidos em escala econômica que estas não poderiam ser construídas em todos os sistemas, obrigando-os a se especializar em alguns desses produtos. Faria sentido, nesse caso, um fluxo interestelar de produtos e mesmo comboios de naves interestelares para abastecer sistemas em guerra.

Hiperespaço

A dobra espacial é apenas um dos meios imaginados pela ficção científica para viajar a velocidades superiores à da luz. Há vários outros, mas o mais comum é o hiperespaço (com as variantes "subespaço", "ultraespaço", "infraespaço", "espaço mais", "espaço 2" e mesmo "não espaço"). Há muitas variantes, mas de maneira geral todas supõem que a nave é capaz de saltar para um espaço alternativo no qual são possíveis velocidades infinitas, ou pelo menos muito mais rápidas que a luz. Ou, o que na prática dá no mesmo, saltar para um outro espaço onde as distâncias são inexistentes ou muito menores que no espaço normal.

Quando a viagem no hiperespaço não é instantânea, as naves que nele navegam são difíceis ou impossíveis de localizar e imunes à interferência de fora, ou são necessários meios muito especiais para afetá-las. Encontros e combates no hiperespaço são impossíveis e quando se viaja nele, não se veem estrelas, mas estranhos efeitos visuais (ou nada).

O hiperespaço de Asimov

O primeiro a usar esse conceito em uma ficção científica de fôlego foi Isaac Asimov na série *Fundação*. Nesta, a viagem pelo hiperespaço é instantânea, mas os saltos são de extensão limitada e exigem um cálculo complicado, porque a direção pode ser imprevisivelmente modificada pelos campos de gravidade encontrados pelo caminho. Em sua concepção, o hiperespaço é mais uma forma de existência do que um "lugar": as naves "no" hiperespaço se transformam em uma onda de táquions, que colapsa numa nave material ao chegar ao destino. Como isso significa "matar" momentaneamente os tripulantes, os robôs são proibidos pela Primeira Lei da Robótica de realizar os complicados cálculos necessários. Estes precisam ser feitos por humanos, que levam um dia inteiro para calcular cada salto de cerca de mil anos-luz, até que em *Fundação II* se inventa um computador que faz isso em menos de um minuto.

Nessa versão do hiperespaço, as naves podem entrar e sair dele quando quiserem e onde quiserem, mas são necessários cálculos cuidadosos para não se reaparecer muito perto de planetas: em geral, supõe-se necessário guardar uma razoável distância (3,2 milhões de quilômetros de um planeta semelhante à Terra no caso de Asimov) para evitar efeitos imprevisíveis da gravidade. Obviamente, seria ainda mais perigoso sair perto de uma estrela (além de efeitos gravitacionais maiores, a nave fritaria). Assim como a limitação das velocidades de dobra dentro de sistemas estelares, é um artifício narrativo para limitar fugas ou ataques de surpresa que tornariam impossível uma defesa planetária (ou mesmo uma polícia espacial).

Mesmo ao fazer essa ressalva, a ficção científica subestima muito o potencial de ataques de surpresa com o hiperespaço. No artigo acima citado da *Foreign Policy*, Chris Weuve exemplificou com *Battlestar Galactica*: suponha que uma nave Cylon se materialize a três minutos-luz (54 milhões de quilômetros) da *Galactica*: ela teria três minutos para atacar antes que os humanos tomassem conhecimento de sua presença – e o disparo de seu laser ou qualquer outra arma com a velocidade da luz alcançaria o alvo quase no mesmo instante.

Além disso, seria possível criar uma bomba ou míssil que se materialize junto (ou mesmo dentro!) do alvo sem aviso. Um cenário de combate espacial dominado pelo hiperespaço seria dominado por emboscadas e ataques traiçoeiros e a possibilidade de enviar armas através dele poderia tornar obsoleto qualquer outro tipo de armamento e tornar impossível qualquer defesa, a menos que se imagine algum meio de bloquear tais ataques.

O hiperespaço "clássico"

No sentido mais exato, o hiperespaço é um espaço conceitual de quatro ou mais dimensões em vez das três que nos são familiares. É um conceito bem antigo: a palavra foi inventada pelo matemático Bernhard Riemann em 1867 e a ideia foi usada pela primeira vez na ficção científica pelo vitoriano Edwin Abbott, no curioso romance *Planolândia* (*Flatland*), de 1884.

Entretanto, esse conceito foi usado apenas esporadicamente na ficção científica mais recente e quase nunca em aventuras espaciais, talvez por ter sido associado ao esoterismo. Já a partir do final do século XIX, o hiperespaço foi invocado para explicar supostas façanhas mediúnicas (tirar objetos de quartos e cofres fechados, por exemplo) e como o hábitat natural de entidades espirituais. Mais recentemente, ocultistas e ufologistas afirmaram que alienígenas e suas naves são também multidimensionais ou se movem no hiperespaço.

Consideremos o que significaria se deslocar na quarta dimensão. Imagine encontrar a Planolândia de Abbott, que se pareceria com uma tela plana pela qual se deslocam figuras bidimensionais, como um videogame dos anos 1980 (*Pac-Man*, digamos). Se fechadas dentro de um quadrado sem portas, elas não terão como sair, assim como nós dentro de um quarto trancado. Entretanto, se um ser tridimensional como um de nós puder pegá-las e colocá-las em outro ponto da tela, terão sido resgatados misteriosamente. Ao colocarmos nossos dedos ou mão na tela, ou se a atravessarmos, apareceremos para os habitantes do plano como uma forma ou conjunto de formas estranhas que mudam misteriosamente de forma, aparecem ou desaparecem e ignoram barreiras. Da mesma forma, um ser quadridimensional poderia tirar um de nós de uma cela trancada sem tocar as paredes e apareceria para nós como uma forma ou conjunto de formas mutáveis e indefinidas.

Naturalmente, nada garante que Pac-Man pudesse existir ou ser transportado fora de seu espaço bidimensional, muito menos que pudesse sair dele por sua própria iniciativa. Também não há nenhum indício de que possamos existir fora de nosso espaço tridimensional. O tempo pode ser descrito como uma quarta dimensão num sentido abstrato, mas não serve para deslocamentos concretos. A Teoria-M, modelo matemático que vem sendo investigado como um caminho para a unificação da física e a explicação geral do Universo, propõe que o espaço real tem dez dimensões (além do tempo), mas as sete adicionais seriam microscópicas e também não permitiriam o movimento de seres macroscópicos.

Suponhamos, porém, que seres como nós pudessem construir veículos que se deslocassem por uma quarta dimensão dentro de uma bolha tridimensional (análoga a um círculo recortado em torno do Pac-Man). Quais seriam as consequências?

Nada garante que se viajaria pela quarta dimensão mais rapidamente que no espaço tridimensional. Mas seria possível entrar ou sair de lugares fechados (inclusive por "campos de força") sem derrubar paredes, ignorar bloqueios, desaparecer e reaparecer no espaço normal quando e como se quisesse (desde que não dentro de um corpo maciço). Como no caso do hiperespaço de Asimov, isso teria imensa aplicação em emboscadas e surpresas. Seria possível bombardear uma nave ou instalação por dentro, sem ela ter como se defender.

Outras versões do hiperespaço

Em *Star Trek*, o "subespaço" não é usado por naves, mas pelo "rádio subespacial", um meio de comunicação mais rápido que a própria dobra espacial.

Em *Star Wars*, talvez a obra mais popular a usar o hiperespaço, as viagens por ele são rápidas, mas não instantâneas ("apenas" centenas de milhares ou milhões de vezes mais rápidas que a luz) e algumas naves podem viajar por ele mais rapidamente que outras, mas apenas por determinadas rotas estabelecidas há milênios, devido ao risco de retornar ao espaço normal dentro de um planeta ou estrela. Como as rotas são conhecidas e fixas, é possível interceptá-las com campos de gravidade artificiais e obrigar as naves que as percorrem a retornar ao espaço normal. Isto é um tanto ilógico, tanto porque o espaço é praticamente todo vazio quanto porque as posições relativas de estrelas e planetas se alteram continuamente, de forma que as rotas não poderiam se manter inalteradas por tanto tempo.

Em *Babylon 5*, as naves geralmente usam "portais" para entrar no hiperespaço e dependem de sinais emitidos por esses portais para não se perder nele. Algumas das naves maiores podem criar seu próprio portal, mas preferem usar um já existente, se puderem. Há "correntes" que fazem com que as naves se percam, se por acaso forem desabilitadas durante a viagem. Combates no hiperespaço são possíveis, mas extremamente perigosos para ambas as partes.

Tais restrições evitam os problemas de lidar com um hiperespaço de possibilidades tão ilimitadas que poderiam tornar os confrontos destrutivos a ponto de tornar a guerra interestelar impossível. Mas transformam, na prática, o hiperespaço em algo mais parecido com os buracos de minhoca e os tubos de Krasnikov, que veremos a seguir.

Buracos de minhoca ou pontes Einstein-Rosen

Nenhuma das concepções tradicionais do hiperespaço tem uma interpretação científica tão consistente quanto a dobra espacial obteve com o modelo de Alcubierre. O "buraco de minhoca" ou "ponte Einstein-Rosen" é especulação física séria, mas funciona de maneira bem diferente.

Um buraco de minhoca é uma ponte entre dois pontos distantes no espaço que é ela mesma feita de espaço convencional. Uma nave que o atravessasse desapareceria de nossas vistas no que pareceria ser um buraco negro para emergir em outro local. No meio tempo atravessaria um atalho mais curto e feito de espaço semelhante ao nosso, apesar de submetido a enormes forças gravitacionais provavelmente sem nada para ver no interior. É duvidoso se seria possível existir um buraco de minhoca tal que uma nave pudesse atravessá-lo sem ser esmagada no processo, mas o conceito não é incompatível com a física atual.

Na forma originalmente proposta por Albert Einstein e Nathan Rosen em 1935, o buraco seria unidirecional e (a menos que desembocasse em outro universo) instável demais para permitir a uma nave mais lenta que a luz atravessá-lo, como foi demonstrado matematicamente em 1962. Em 1988, porém, os físicos Kip Thorne e Mike Morris demonstraram que uma esfera de matéria exótica de densidade negativa poderia tornar tais pontes estáveis e bidirecionais (quer dizer, permitindo ida e volta). Outras possibilidades teóricas foram depois propostas, algumas das quais dispensam a matéria exótica (mas pressupõem certas propriedades possíveis, mas não demonstradas, do espaço e da gravidade).

Segundo um modelo teórico[25], uma ponte pela qual uma nave de tamanho moderado (100 metros) pudesse passar teria teoricamente uma massa mínima equivalente à de um asteroide de 50 quilômetros de diâmetro, que aumentaria com o quadrado da dimensão linear do "gargalo". Quem quisesse viajar por ele partiria de uma estação a 50 bilhões de quilômetros do centro, distância necessária para criar uma zona de transição suportável. A nave desaceleraria ao se aproximar do vórtice central (500 milhões de quilômetros de raio) e então mergulharia na ponte para sair na outra boca em algum ponto distante do espaço. Independentemente da distância "saltada", a travessia até a estação oposta levaria 103 dias. A restrição de tempo e tamanho está na capacidade dos viajantes de sobreviver às forças e acelerações em jogo. Pontes muito menores (mas não muito mais leves), com um nanômetro ou menos de diâmetro em vez de 100 ou mais metros, poderiam ser construídas para servir apenas de canal de comunicação, visto que feixes de energia não seriam afetadas por essas forças.

Além dos inconvenientes de massa, tamanho e uso de formas de matéria e energia de existência não comprovada, a maior dificuldade com a construção de tais buracos de minhoca é que não há como fazer surgir instantaneamente outra boca de saída no lugar desejado. Uma vez que se construa a ponte, é preciso levar suas enormes bocas aonde se quer que elas fiquem – e se não houver "propulsão de dobra", isso precisará ser feito a uma velocidade inferior à da luz. Isso significa que uma ponte entre a Terra e, digamos, Antares, a 605 anos-luz, levará mais de 605 anos para ser estendida, embora uma vez "pronta", possa ser atravessada em 103 dias. Para contornar esse problema, muitos cenários de ficção científica que recorrem a buracos de minhoca supõem que os heróis os encontraram já prontos, de origem natural ou construídos há eras por alguma civilização desaparecida.

25 Disponível em: http://old.orionsarm.com/tech/wormholes.pdf

Guerra interestelar com pontes e tubos

As pontes Einstein-Rosen são interessantes para cenários de ficção científica nos quais se queira compatibilizar ao máximo as viagens interestelares (e a grandiosidade dos cenários galácticos) em escalas humanas de tempo com o uso de conceitos físicos mais realistas. Nesses universos, naves podem saltar em pouco tempo entre um sistema estelar e outro, mas dentro de cada sistema funcionam de maneira convencional, navegam com uso de foguetes (ainda que estes possam ser nucleares ou de antimatéria), dispensam miraculosos campos de força e de gravidade artificial e combatem com lasers ou mísseis subluminais, como se discutiu no começo deste texto.

As entradas e saídas dos buracos de minhoca e equivalentes são pontos estrategicamente muito importantes a ser conquistados ou defendidos, mas as batalhas são travadas dentro dos sistemas estelares e o espaço interestelar é irrelevante, a não ser para o processo lento, complicado e dispendioso de construção de novas pontes. Como este pode levar milhares ou dezenas de milhares de anos, é preciso supor que essas civilizações são antiquíssimas ou herdaram o sistema de transporte interestelar de outras mais antigas.

Há ainda formas menos óbvias e muito interessantes de usar pontes Einstein-Rosen em guerras interestelares, que detalharemos a seguir.

Ansíveis

Se os buracos de minhoca pudessem ser de alguma forma miniaturizados (por manipulações do espaço-tempo geradas por campos de força hoje inconcebíveis), seriam uma forma conveniente de transporte entre diferentes pontos de um planeta, entre o planeta e uma nave ou estação em órbita astrossíncrona ("parada" em relação à superfície do planeta) ou entre naves ou estações imóveis uma em relação a outra. Com um passo, o viajante poderia saltar dezenas ou centenas de milhares de quilômetros sem os inconvenientes práticos e teóricos de ter de ser desintegrado, transmitido e reconstruído (e às vezes acidentalmente replicado), como no "teletransporte" de

Star Trek. Ainda seria preciso construir as duas bocas e levá-las aos locais desejados antes de usá-las. E não poderia haver movimento relativo significativo entre a entrada e a saída, sob pena de tropeçar a milhares de quilômetros por hora (ou por segundo).

Outra utilidade de uma microponte seria a transmissão de informação praticamente instantânea (por laser, digamos) entre as duas bocas e neste caso pouco importaria o movimento relativo. Uma nave que transportasse uma dessas bocas poderia se comunicar instantaneamente com a outra (deixada na base ou em outra nave) a distâncias astronômicas e sem risco de a comunicação ser interceptada no espaço. Do ponto de vista militar, seria o ideal. Poderia ser recebida apenas por quem tivesse a outra boca da ponte. Caso se quisesse espalhar uma mensagem (um pedido de socorro, por exemplo), seria preciso que cada nave tivesse contato por ansível com uma base ou nave capitânea que a redistribuísse pelas demais.

Na verdade, este equipamento teria as mesmas exatas funções e propriedades do "ansível" imaginado por Ursula K. LeGuin em seu primeiro romance (*Rocannon's World*, de 1966) e desde então imitado por outros autores de ficção científica. Só que utiliza um princípio completamente diferente do sistema de ressonância ou de entrelaçamento (ou "emaranhamento") quântico que a maioria deles imaginou e que segundo o entendimento atual da física não poderia funcionar: é logicamente impossível transmitir informação útil dessa maneira. Um dos primeiros a pensar num ansível baseado em lasers e buracos de minhoca foi Robert L. Forward, no romance *Timemaster*, de 1992.

Esse pode não ser o único meio de comunicação mais rápido que a luz: uma possível alternativa seriam feixes de táquions. Se seriam viáveis e mais econômicos que o buraco de minhoca, é coisa que pode ser deixada ao arbítrio do autor, mas certamente tais meios seriam mais fáceis de interceptar, enquanto o ansível só poderia ser "grampeado" dentro das naves que transmitem ou recebem a mensagem.

Naves de bolso e "submarinos" interestelares

Mais uma possibilidade dos buracos de minhoca é a de comunicar com outros universos físicos. Mesmo que estes não sejam encontrados na natureza, é possível imaginar a criação de pequenos universos artificiais. Uma das aplicações concebíveis é uma nave muito maior por dentro do que por fora. O exemplo clássico é a *TARDIS*, da série *Dr. Who*. Por fora, ela é do tamanho de uma cabine da polícia londrina (1,4 x 1,4 m na base e 2,7 m de altura) e se disfarça como tal. Por dentro, é uma enorme estrutura modular, que pode ser infinitamente ampliada e reconfigurada, com dimensões descritas na série como de "maior que o Empire State" até "infinito". Na concepção de um fã[26] ela tem dimensões de centenas de quilômetros, comparáveis à *Death Star* de Star Wars ou à nave mãe dos alienígenas de *Independence Day*.

A parte da nave visível de fora está no nosso espaço, mas ela é apenas a ponta do iceberg: ao se entrar nela, se tem acesso a um outro espaço onde ela é muito maior, como se o interior da nave fosse um pequeno universo fora de nosso espaço e conectado ao nosso por um buraco de minhoca miniaturizado que serve de cordão umbilical e portal.

Sem se precisar exagerar tanto no tamanho interno, essa ideia poderia ser combinada com o cenário de dobra espacial para criar naves de combate muito interessantes. Seria o equivalente interestelar de um submarino de ataque. A parte visível seria o equivalente de um periscópio, que tornaria sua localização e destruição possível, mas muito difícil – seria quase indetectável ou poderia parecer uma simples sonda até que fosse tarde demais.

Se supusermos que a nave não pode dispensar a ponte com o universo visível sob pena de perder definitivamente o contato com nosso universo ou ser destruída, isso oferece várias das possibilidades do hiperespaço sem torná-las ilimitadas. A nave não pode, por exemplo, entrar num espaço inteiramente fechado, pois é preciso fazer passar o "periscópio". Além disso, a nave talvez precise retornar inteira ao espaço convencional para usar suas armas principais, tornando-se visível e vulnerável. O efeito surpresa é possível, mas fica sob o controle do autor.

26 Disponível em:
http://time-lord-rassilon.deviantart.com/art/Tardis-Schematic-File-001-190614933

TUBOS DE KRASNIKOV

Com base no trabalho de Alcubierre, o físico russo Serguei Krasnikov sugeriu em 1995 uma outra maneira de viajar mais rapidamente que a luz. Consiste em criar uma distorção do espaço-tempo de acordo com os princípios e suposições da bolha de dobra de Alcubierre, mas permanente e estendida entre dois pontos do espaço. Dentro desse tubo, o espaço-tempo ficaria muito mais "curto" do que no seu exterior.

Imaginemos uma nave que viaje a outra estrela a uma velocidade um pouco inferior à da luz. Digamos que ela parta da Terra em 2100 e chegue a Antares, a 605 anos-luz, em 2715. Com uma velocidade média de 0,984c, a viagem teria demorado 615 anos do ponto de vista da Terra ou de Antares, mas do ponto de vista dos tripulantes, teria demorado "apenas" 7 anos, devido à contração do tempo conforme as equações de Hendrik Lorentz. Aí vem o pulo do gato. Suponhamos que a nave tenha aproveitado a viagem para construir um tubo de Krasnikov atrás de si. Na volta, ela mergulha dentro do tubo e volta à Terra num tempo curtíssimo – e quando chega na Terra, *está de novo em 2100*, no mesmo momento em que partiu ou, mais precisamente, um pouco depois do momento em que a ponte começou a ser construída. A viagem teria demorado pouco mais de 7 anos (mais a estada em Antares) do ponto de vista dos tripulantes, mas teria durado dias ou horas do ponto de vista da Terra. O tubo não liga simplesmente dois pontos do espaço, mas do espaço-tempo.

Em outras palavras, o tubo de Krasnikov funcionaria como uma máquina do tempo, com a restrição de não permitir o retorno a um tempo anterior à sua construção. Se um antariano pegasse carona com os cosmonautas da Terra, poderia chegar antes de ter nascido. Se os astronautas, em vez de voltar pelo tubo, construíssem um segundo tubo de volta, levariam 14 anos subjetivos (mais a estada em Antares) na empreitada e chegariam à Terra não em 2100, mas em 3330. Entretanto, eles poderiam tomar o tubo que acabaram de construir de volta à Antares e então voltar pelo primeiro tubo de Antares à Terra de 2100, tendo conhecido a Terra de 3330, ao fim de pouco mais de 14 anos de tempo subjetivo.

A possibilidade de paradoxos temporais lança dúvidas sobre se o tal tubo poderia realmente ser construído. Se puderem ser evitados, o tubo de Krasnikov seria uma alternativa ao buraco de minhoca com resultados parecidos, embora fosse uma deformação dentro do espaço e não um atalho fora dele, o que o torna menos flexível. Da mesma forma, permitiria viagens superluminais, mas sua construção teria que ser mais lenta que a velocidade da luz.

O conceito lembra vagamente os "conduítes de transdobra" ou "corredores de transdobra" usados pelos Borg (em episódios postos no ar a partir de 1993 das séries *Star Trek: The Next Generation* e *Voyager*), com os quais viajavam a velocidades vinte vezes superiores às velocidades máximas da Federação. Supunha-se, porém, que as naves que neles entravam eram "arrastadas" por uma corrente de força em vez de navegar por seus próprios meios e não havia indicação de possíveis paradoxos temporais.

Uma guerra com tubos de Krasnikov propriamente ditos forçaria a imaginação do estrategista – e do autor – ao máximo. Como lidar com um universo no qual naves podem voltar no tempo e reencetar batalhas já travadas? Uma frota inteira poderia voltar no tempo para reforçar a si mesma? Para quem gosta de viagens no tempo e paradoxos temporais, é um prato cheio.

ARMAS EXÓTICAS

Por simplicidade, tratamos até agora das armas "convencionais" em termos de aventura espacial, principalmente armas de raios (lasers, raios de partículas), canhões eletromagnéticos e explosões nucleares ou de antimatéria, mais a sugestão de um "canhão de dobra" capaz de disparar ondas sólitons, feixes de táquions ou outra forma de energia mais veloz que a luz. Mas outras armas interessantes podem existir.

Armas de pulso eletromagnético, que já existem tanto em forma química quanto nuclear, emitem um pulso de alta energia cuja frente de onda pode queimar e inutilizar computadores e outros componentes elétricos e eletrônicos, paralisando naves ou bases mesmo sem destruí-las fisicamente – o que pode ser útil caso se deseje uma captura. Os "canhões iônicos" de *Star Wars* têm efeito semelhante. É possível, porém, proteger-se desse tipo de arma usando blindagens adequadas (gaiolas de Faraday) em todos os equipamentos elétricos ou utilizando fibras ópticas em vez de conexões elétricas.

Raios tratores são um clássico das aventuras espaciais, nas quais aparecem desde 1928 com Edmund Hamilton e no ano seguinte "Doc" Smith já os usava em combinação com seus opostos, os raios pressores ou (re)pulsores. São, porém, de realização bem difícil em termos científicos. É necessário supor um controle perfeito da gravidade (possivelmente com a manipulação dos hipotéticos grávitons) e de uma hipotética força repulsora (uma quinta força da natureza, ou uma manipulação da própria gravidade em sentido negativo). A combinação das duas poderia ser usada para vibrar, chacoalhar ou romper em pedaços uma nave inimiga. É provável que sejam inúteis contra uma nave em velocidade superluminal, pois a gravidade é limitada pela velocidade da luz. Talvez sejam mais úteis em manobras (inclusive de pouso e atracação) como substitutos de foguetes convencionais.

Raios desintegradores são outro clássico, do qual o *phaser* de *Star Trek* é uma variante. Hoje poderiam ser imaginados como baseados em bósons de Higgs. O campo de Higgs é considerado o responsável pelas massas de todas as partículas: se houver uma maneira de anulá-lo, as partículas subitamente destituídas de massa se desintegrariam, convertidas em pura energia – talvez perigosa para o próprio atacante.

Armas de destruição em massa também são possibilidades a considerar. Claro que explosões de muitos megatons são triviais na ficção científica: falamos de destruição em massa de escala astronômica. Armas com a potência, talvez, de uma supernova, capazes de destruir uma frota inteira – ou um sistema estelar inteiro – de um só golpe. Um exemplo é a "pseudossingularidade" do conto *No Amor e na Guerra* de Gerson Lodi-Ribeiro, na coletânea *Space Opera* da Editora Draco, que gerou o equivalente a um buraco negro que engoliu ou destroçou 40% de uma frota alienígena invasora.

Mas as naves inimigas precisam estar próximas umas das outras para ser atingidas. Nesse exemplo em particular, 3.600 naves foram tragadas em meio segundo. Supondo expansão à velocidade da luz, estiveram concentradas num raio de 150 mil quilômetros, com distância média de 15 mil quilômetros entre uma e outra.

Numa batalha envolvendo naves de dobra em espaço interestelar que se comunicam por ansível ou coisa que o valha, nada impede que naves de uma mesma frota se mantenham horas-luz, dias-luz ou mesmo meses-luz uma da outra. Isso impede que qualquer radiação ou onda gravitacional que se propague à velocidade da luz apanhe mais do que uma delas. Seria preciso pensar em algum efeito que se propague a velocidades de dobra, com o campo inflaton que teria deflagrado o Big Bang – mas que, ao mesmo tempo, seja contido dentro de um espaço limitado, sob pena de liquidar os sistemas a serem defendidos, ou mesmo o universo inteiro. O que, deve-se presumir, não interessa a nenhuma das partes.

Considere-se, por exemplo, numa explosão com a potência de uma supernova, 10^{44} joules: ela teoricamente seria capaz de vaporizar uma blindagem de titânio de 11 centímetros a 4 anos-luz, mas destruiria camadas de ozônio e ecossistemas num raio de 26 anos-luz. E uma arma implosiva? Ainda pior: um buraco negro com horizonte de eventos com raio de um ano-luz teria efeito equivalente ao surgimento súbito de uma concentração de uma massa duas ou três vezes superior à da própria Via Láctea. Destruiria a galáxia inteira.

Feitas as contas, uma arma apocalíptica é bem menos eficaz do que parece. Só poderia funcionar com eficácia uma vez, após a qual o inimigo, se não tiver sido totalmente destruído, aprenderia a manter distância suficiente entre as naves para evitar uma aniquilação em massa. A menos, talvez, que seja de fato capaz de destruir a galáxia ou o universo e seja usada para fins de dissuasão com a esperança de jamais ser usada, como os arsenais nucleares das superpotências desde os anos 1980.

Seria a versão cósmica da famosa doutrina MAD (*Mutual assured destruction* – Destruição mútua assegurada), formulada nos anos 1950 pelo matemático John von Neumann – um dos criadores da bomba atômica e da bomba H e uma das principais inspirações para o filme *Dr. Strangelove or: How I Learned to Stop Worrying and Love the Bomb* ("Dr. Fantástico", na versão brasileira). Nesse caso, o mais provável é que não haja guerra interestelar, assim como, apesar de tudo, a III Guerra Mundial ainda não aconteceu. O que, para um autor ou fã de *space opera*, seria uma pena.

Bibliografia*

5596.ORG. *Nuclear weapon calculator*. Disponível em http://www.5596.org/cgi-bin/nuke.php

BATTLESTAR WIKI. Disponível em http://en.battlestarwiki.org/wiki/Main_Page

CHUNG JR., W D. *Atomic Rockets*. http://www.projectrho.com/public_html/rocket/crossindex.php

DVORSKY, George. *How NASA might build its very first warp drive*. 2012. Disponível em http://io9.com/5963263/how-nasa-will-build-its-very-first-warp-drive

GETCHELL, A. *Wormhole Engineering in Orion's Arm: An Overview*. University of California, Davis . 2006. Disponível em http://old.orionsarm.com/tech/wormholes.pdf

GOWANLOCK, M. G., PATTON, D. R. e MCCONNELL, S. M. *A Model of Habitability Within the Milky Way Galaxy* 2011. Disponível em http://arxiv.org/abs/1107.1286

GRAY, R. *Star Trek-style force-field armour being developed by military scientists*. *The Telegraph*, 20 Mar 2010. Disponível em http://www.telegraph.co.uk/technology/news/7487740/Star-Trek-style-force-field-armour-being-developed-by-military-scientists.html

GROSSMAN, L. Ancient planets are almost as old as the universe. 2015. Disponível em http://www.newscientist.com/article/dn26856-ancient-planets-are-almost-as-old-as-the-universe.html#.VNT_ki71H1I

HAMILL, J. *Aircraft carrier tactics of World War II*. 2018. Disponivel em http://www.johnsmilitaryhistory.com/carriertactics.html

HARPGAMER. *Tactics 101: Naval Formations - Part 1*. 2008. Disponível em http://harpgamer.com/harpforum/index.php?/topic/3426-tactics-101-naval-formations-part-1/

HELL´S ANGELS HISTORICAL PAGE. *B-17 Bombing formation*. Disponível em http://www.303rdbg.com/formation.html

KAKAES, K. *Faster-Than-Light Drive*. 2013. Disponível em http://www.popsci.com/technology/article/2013-03/faster-light-drive

MCCORMICK, R. We could travel to new worlds in NASA's starship Enterprise. 2014. Disponível em http://www.theverge.com/2014/6/13/5806104/nasas-warp-drive-spaceship-concept-enterprise

MEMORY ALPHA. Disponível em http://en.memory-alpha.org/wiki/Portal:Main

MOSKOWITZ, C. Warp Drive may be more feasible than thought, scientists say. 2012. Disponível em http://www.space.com/17628-warp-drive-possible-interstellar-spaceflight.html

O'CONNEL, D. *Star Wars galaxy map*. Disponível em http://www.moviecritic.com.au/star-wars-galaxy-map-trade-route-inner-rim-hutt-space/

PECK, M. *Aircraft carriers in space*. Disponível em 2012. http://www.foreignpolicy.com/articles/2012/09/28/aircraft_carriers_in_space

QUEEN MARY STORY PAGE. *Foreign news: stateliest ship* : [um artigo de *Time* (1936)]. Disponível em http://www.queenmarystory.com/2009/06/stateliest-ship.html

RADEMAKER, M. *IXS Enterprise (IXS-110)*. Disponível em https://www.flickr.com/photos/123021064@N05/sets/72157644113972600/

RAL SPACE. *New spaceship force field makes Mars trip possible*. Disponível em http://www.stfc.ac.uk/RALSpace/Areas+of+expertise/Space+Research/Mini+magnetospheres/In+the+news/24654.aspx

RIBAS, Cezar. *Como seria uma verdadeira nave de dobra espacial*. 2009. Disponível em http://hypescience.com/como-seria-uma-verdadeira-nave-de-dobra-espacial/

RUSSELL, J. *Starship dimensions*. Disponível em http://www.merzo.net/index.html

SCHNEIDER, Bernd. *Starship gallery – Vulcans*. Disponível em http://www.ex-astris-scientia.org/scans/vulcans1.htm

STAR TREK DIMENSION. *The United Federation of Planets*. Disponível em http://www.stdimension.org/int/Cartography/federation.htm

TIME-LORD RASSILON. *Tardis Schematic File 001*. Disponível em http://time-lord-rassilon.deviantart.com/art/Tardis-Schematic-File-001-190614933

VOODOO WORLD. *Advanced fighter tactics introduction*. Disponível em http://www.voodoo-world.cz/falcon/AFT.html

WALLACE, D. *Endnotes for Star Wars*: the essential atlas (part 1 of 5). Disponível em http://geekosity.blogspot.com.br/2009/08/endnotes-for-star-wars-essential-atlas.html

WANG, Brian. *General parameters of an Alcubierre Warp Drive in Higher Dimensional Spacetime Extrapolating success with Harold White – NASA Research*. 2013 Disponível em http://nextbigfuture.com/2013/01/general-parameters-of-alcubierre-warp.html

WHITE, H. *Warp Field Mechanics 101*. Houston: NASA Johnson Space Center. 2012. Disponível em http://ntrs.nasa.gov/archive/nasa/casi.ntrs.nasa.gov/20110015936_2011016932.pdf

WOOKIEPEDIA, THE STAR WARS WIKI. Disponível em http://starwars.wikia.com/wiki/Main_Page

XR, Marcus Valerio. *Batalhas espaciais*: a realidade física contra o romantismo visual da ficção científica. 2004. Disponível em http://www.xr.pro.br/FC/BatalhaEspacial.html

* Todas as fontes de internet foram acessadas em 2013 e podem estar indisponíveis atualmente.

Coleção de não-ficção do mesmo autor:

História do Dinheiro v. I

História do Dinheiro v. II

História do Dinheiro v. III

Batalhas Espaciais

Títulos de Nobreza e Hierarquias

Armas Brancas

Este livro foi impresso em um momento
que desafiou a humanidade, em papel pólen bold,
na Renovagraf, Março de 2020.